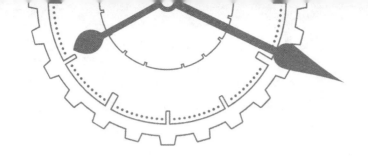

假设的世界

一切不能想当然

〔日〕竹内薰 著

曹逸冰 译

南海出版公司

新经典文化股份有限公司
www.readinglife.com
出　品

恕我冒昧，您的头脑够灵活吗？

请看下一页的问题——

这张图是什么？

答案是，"在澳大利亚随处可见的世界地图"。

可是大家第一眼看到这幅图的时候，是不是觉得有些不对劲？如果是，那就说明你的头脑已经变得硬邦邦的啦。

谁说地图就一定是"上北下南左西右东"了？

"总觉得最近脑子越来越不灵活了"——如果你有这种感觉，那科学就是最适合你的灵丹妙药。本书将要呈献给大家的，就是科学的真正本质。

"假设"就是本书的主题。

有些人一听到"科学"二字就避之不及，但科学的本质其实很简单。充分理解科学的本质，你的头脑就能变得更灵活。

就算你再讨厌科学，也不想沦为别人口中的"死脑筋"吧。

很好，那我再给你出一道题：

飞机为什么会飞？

请大家开动脑筋，答案在目录后揭晓——

目录 CONTENTS

怎样才能从"科学"的视角看待这个世界呢？在本章中，笔者将向大家传授不为常识束缚的思维方式。这种思维方式的诀窍，就是在日常生活中养成怀疑的习惯。越是"潜规则"，就越值得我们去怀疑。

健脑假设⑥：百人一首花牌的假设

"为什么连这么简单的事情都说不通！"沟通不畅时，请先设想一下对方生活在怎样的假设世界中。这样一来你就会意识到，说不通的原因并不是对方的头脑太僵硬或太笨，而是他坚信的假设和你的不一样。

健脑假设⑦：杀人案发生在这个坐标上

序章

飞机为什么会飞？

其实啊……目前还没人能解释清楚

难以置信的真相

本章的标题是不是吓到大家了？不好意思。不过关于"飞机的飞行原理"，真的还有很多未解之谜。

我可没有欺骗大家。

"飞机为什么会飞？"——这是一道超级"难题"，就连最前沿的科学（航空力学）也没法给出一个完美的答案。

也许有读者会说：

"啊？可是飞机不是好端端地在天上飞着吗？"

这话当然没错。我们都知道，每天都有许多架飞机翱翔在世界各地。

从莱特兄弟将第一架飞机送上蓝天的那一刻到现在，已经有无数架飞机完成了空中旅程。

"飞机都上天那么久了，飞行原理居然还是个谜？"

可这也是没办法的事呀。

毕竟，科学一点儿也不万能。

我们都以为科学早就揭开了飞机的飞行之谜。殊不知，现在的科学还不足以把"飞机上天的原理"解释清楚。

此话当真？

我还是从头说起吧，免得大家误会。

以往的说法都是一派胡言

老实告诉大家吧，我原本也以为"飞机的飞行原理"在科学上早就被百分百解释清楚了。

谁知在两年前的某一天，我接到了一位老物理学家的电话。他告诉我：

"国外出了一本书，掀起了一场关于飞机飞行原理的大讨论。我想把这本书翻译成日文出版，你能不能介绍一家出版社给我？"

这本引起轩然大波的书，是由美国费米实验室的物理学家戴维·安德森与华盛顿大学的航空力学专家斯科特·埃伯哈特合著的。美国的科学杂志与航空领域的专业杂志对其竞相报道，好不热闹。

如果书里的内容都是胡说八道，它就不会得到社会的关注，专家们肯定也会付之一笑。问题是，一流的科学杂志和专业杂志都一本正经地讨论起了这本书的内容。

但是翻开这本书一看，我大为震惊——因为书里居然是这么说的：

"以往的'飞机的飞行原理'都是一派胡言。"

后来，我还一一查阅了参与争论的人们在杂志和网络上发表的各种意见。

总而言之，这场争论有两大焦点：

第一、流传甚广的"简易版"飞行原理是彻头彻尾的谎言。

第二、专家虽然会用"旋涡理论"解释飞行原理，但这种说法存在微妙的问题。

先看第一点吧。

骗小孩的"通俗易懂版"原理

飞机为什么会飞？关于飞机的飞行原理，有一个流传甚广又简明易懂的解释：

"飞机的飞行原理可以用'伯努利定理'来解释。"

听到定理，很多人心里就打怵了。别慌，伯努利定理的内容其实很简单，总结一下就是"空气的速度越快，气压就越低"。

要是把这个定理应用在飞机上呢？请看示意图。

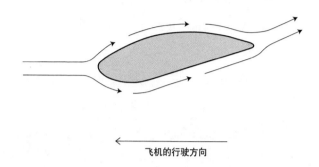

飞机的行驶方向

　　图上画的是机翼的截面。如图所示,机翼的上面是鼓起来的,下面是平的。

　　当飞机在跑道上滑行时,空气迎面而来,按箭头所指的方向,在机翼处兵分两路。

　　一部分空气从机翼上方通过,另一部分从机翼下方通过,最后在机翼后方会合。

　　那么通过机翼上方和机翼下方的两股气流,流动速度更快的是哪一股呢?

　　大家不妨开动脑筋思考一下。

外行也能看出问题的"大前提"

　　"通俗易懂版"飞行原理是这么解释的。

"因为机翼上方是鼓起来的，所以上边的距离比下边更长。兵分两路的空气要同时抵达机翼后方，从上面通过的空气必然比从下面通过的空气更快。"

"既然上方的空气有更快的流动速度，那么根据伯努利定理，上方的气压就会相应下降。这样一来，机翼上下方就产生了气压差。于是机体就由压力高的地方被'托'到了压力低的地方，也就是从下往上被抬起来了。"

"总之，这就是飞机的飞行原理。"

面向儿童的科普读物里，往往采用这套简明易懂的理论。

听到这套解释的人一般有两种反应。有些人会立刻接受，心想："哦，原来是这样啊。"有些人却会产生疑惑的想法："咦？好像不太对头吧。"

没错，这套理论的确有问题，而且问题还不小。

为什么在机翼处一分为二的空气，非要"同时抵达机翼后方"不可？

在这套理论中，"同时抵达"是无须解释的大前提，可是连外行都能看出这个前提很有问题。

那么两股空气会不会同时抵达机翼后方呢？研究人员做了实验。果不其然，空气根本就不会同时抵达。

换言之，被机翼分为上下两股的空气并不是同时汇流到一起的，会产生微妙的时间差。

一知半解的歪理

有趣的是，实验结果证实了"从机翼上方通过的空气有更快的速度"。

只是"同时抵达后方"这个大前提是错误的，所以"机翼上边的距离更长，因此从上方通过的空气更快"这套理论就一点说服力都没有了。

这么看来，通俗易懂版的飞行原理简直就是牵强附会的歪理嘛。

上面的空气的确比下面的更快。为了解释这个现象，人们硬是设定了"为了同时抵达机翼后方"这个（不可靠的）前提条件。

可是，人们为什么要编出这么一套歪理？

是这么回事，因为大家不知道真正的飞行原理呀。

"为什么机翼上面的空气流动得更快？"谁都说不出个所以然来。

但上面的空气就是流得快呀，怎么办呢？干脆搬出伯努利定理，煞有介事地说，"飞机就是被压力差托上天的。"

这也叫科学？

广为人知的"飞行原理"乍看之下还挺像模像样的，可它毫无"科学依据"。

这件事要是让讨厌坐飞机的人知道了，可怎么得了……

飞机是一种曲线球？

再看第二点。

我之前也说了，上面介绍的这套理论是面向普通大众的"通俗易懂版"飞行原理。那么航空力学专家是如何理解飞行原理的呢？

他们认为，"飞机飞行靠的是旋涡"。

换言之，飞机就跟直升机一样，会在空气形成旋涡的地方浮起来。这个说法还挺好理解的吧？

给大家打一个有点突兀的比方吧。请大家在脑海中想象一个棒球。

众所周知，要是球在空气中旋转，就会变成会拐弯的曲线球。

如图所示，右侧的球在旋转，所以它对气流产生了影响。

在球的带动下，从球的上方通过的气流，会比从球的下方

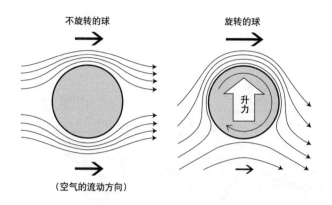

不旋转的球　　　　　旋转的球

升力

（空气的流动方向）

通过的气流速度更快。

　　套用刚才介绍的伯努利定理，速度快的地方气压会下降，于是便产生了向上的升力（飞行动力）。

　　简单地说，这就是曲线球的原理。

　　当然，我们不能把球直接比作飞机的机翼。毕竟飞机的机翼和直升机的机翼都与棒球不一样，不会自己旋转。

　　绝对没有人敢坐机翼会转圈的飞机。（笑）

　　可专家们认为，机翼上有不停旋转的空气旋涡。这究竟是怎么回事呢?

机翼上有旋涡，可是在哪里？

请大家再看另一组示意图。

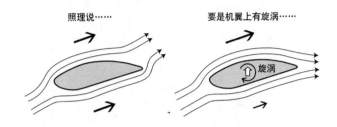

照理说……　　　　　　　　　要是机翼上有旋涡……

旋涡

如果空气来自机翼的斜下方，那周围空气的流动情况应该跟没旋转的球一样。毕竟机翼不会旋转呀。

可要是机翼上存在右图那样的旋涡，空气的流动模式就跟曲线球一样了。这就产生了升力。

也就是说，情况如下：

机翼是不会旋转的，但是机翼上有旋涡，所以打造出了和旋转相同的效果。

为什么专家们认定机翼上有旋涡呢？

机翼明明没有旋转，怎么会产生旋涡？真是难以想象……

大概是这么回事吧?

旋涡是个很有意思的东西,因为它不会单独出现。

当一个顺时针的旋涡出现时,一个能将它抵消的逆时针旋涡也会同时出现。这是旋涡的特性。

回到飞机旋涡的话题上,事实是当飞机在空中飞行时,机翼后方始终存在逆时针旋转的旋涡。

人们能用肉眼轻易观测到这种旋涡。可问题是,最重要的"主体"机翼上的旋涡就很难观察到了。

照理说,机翼附近应该有一个能够抵消逆时针旋涡的顺时针旋涡,而且这个旋涡应该能轻易观测到才对……

简单地说,专家的解释还停留在推测的层面上。既然机翼后方有逆时针旋涡,那么机翼上就一定有顺时针旋涡。

既然机翼上有旋涡,那就会跟曲线球一样产生升力。

大家是不是觉得这种说法有点不对劲呀?

可不是嘛,这意味着"旋涡理论"只是间接的推理,是专家的"一厢情愿"。

因此,还是无法断言飞机的飞行原理。即便不能断言,今天专家们依然会用"飞机因为旋涡而起飞"来解释。

这套说法丝毫没有说服力,也没有科学依据。

它根本没把飞行的本质原理解释清楚。

不知道原理也没关系，能飞就行

我们对飞行原理的两种解释进行了粗略的分析。第一种"通俗易懂版"解释的大前提就错了，没什么好说的。至于专家的"旋涡理论"，现阶段我们还不能判断它的对错（关于旋涡理论的详细说明，请参考第 173 页）。

也就是说，"飞机是怎么飞起来的"这个乍看之下理所当然的事实，不过是通过种种经验法则推测出来的，换句话说，只是种"假设"而已。

这意味着我们还不了解飞行原理的关键部分。怎么会有这种事呢?!

即使不了解飞行的真正原理，在莱特兄弟之后，科学家们还是以"假设"为基础，使航空力学获得日新月异的发展。

不知道原理也没关系，只要能飞就行，结果好就皆大欢喜。工程学就是以反复摸索和经验论英雄的世界。

真追究起原理来，才意外地发现，也许谁都给不了一个完美的解释。

地震是微生物引起的？！

想必大家还记得日本政府因为疯牛病（牛脑海绵状病）禁止进口美国牛肉这件事吧。据说疯牛病的病因是一种叫异常朊蛋白的特殊蛋白质。

但是，异常朊蛋白的数量和疯牛病的感染率不成正比。

牛的体内没有积蓄异常朊蛋白，并不意味着它一定不会得疯牛病。"异常朊蛋白是疯牛病的病因"不过是个假设。

因为人们还不了解异常朊蛋白和疯牛病之间的因果关系，所以我们不能凭"没有异常朊蛋白"就认定"美国产的牛肉绝对安全"。

另外，全球气候变暖的原因也是个未解之谜。

人们常说，因为二氧化碳变多了，造成了温室效应，所以全球气候变暖了。但这也不过是个假设。

也许事实正好相反，气候变暖是原因，二氧化碳增加才是因此导致的结果。

近年来，支持全球气候变暖的数据的确在增加，但是还没有科学依据证明谁是因，谁是果。

进一步说，我们其实连引起地震的原因也不清楚。

大陆板块的碰撞导致了地震是比较主流的说法，但引起地震的罪魁祸首，说不定是微生物（详见第 175 页）。

具体的例子就介绍到这里吧。我之所以举这些例子，是为了告诉大家，**我们以为很多事情已经被科学解释清楚了，一旦仔细推敲，就会发现还有很多没解释清楚的地方。**

不能盲目相信科学

上面这些言论看似过激，但请大家千万不要误会。我并不是说飞机是不能飞的，我们不能设计出精良的飞机。我也不认为异常朊蛋白就一定不是疯牛病的病因。

我想说的是，**科学上的完美诠释与那些建立在摸索和经验上的"成功"是两回事。**

前些日子，我正好坐飞机出了一趟国。在机场海关，我惊讶地看到工作人员牵着一条可爱的比格犬。

人家可不是普通的宠物狗。它的职责是闻一闻旅客的箱包，检查里面有没有毒品之类的违禁物品。

可是大家就不觉得奇怪吗？

在这样一个科学万能的时代，人们为什么不使用最先进的化学物质探测器，而要用比格犬来检查行李呢？

化学物质探测器的确是科学技术的结晶。但狗鼻子能精准地分辨出极其微量的化学物质。

这一幕光景也让我深深感受到，现实生活中的成功经验和它是否"科学"，根本就是两个维度的事情。

"用科学去解释这件事，就是如此这般……"听到这类言论的时候，我们往往会顾不上"怀疑"，而是立刻接受这种说法，心想："哦，原来是这样啊。"

然而，上面的例子在我们眼前呈现出了另一番景象。当你刨根问底时，会惊讶地发现，事情的确是这样，但没人能解释清楚这是怎么回事。也许你还会发现，关于这个现象的原理，还有另一种说法。

有些所谓的科学依据，不是草率随意，就是信口胡诌。因此，我们绝不能盲目地相信科学。

科学并不是衡量事物的绝对标准。它不过是一种"观点"罢了。

没有"科学依据"的东西常被人们视而不见，但这种态度万万不可取。

毕竟，科学本来就是一堆"假设"啊。

全世界都是假设！

科学完全可以和假设画等号。这可不仅限于上面介绍的例子。这句话一点都不夸张。

那么，假设到底是什么呢？

假设的反义词是定论。照理说，假设经过某种形式的检验，就会变成定论了。然而……

要是所有假设都永远无法得到验证呢？

那所谓的定论究竟算什么？

我可以先把答案透露给大家：在这个世界上，根本就没有真正的定论。用科学的思维方式去思考这个问题，就能得出这样的结论。

只要回顾一下科学的历史，我们就会发现许多"经过了科学验证的定论被彻底颠覆"的实例。

正因为它们经过了验证，所以才会变成"定论"，不是吗？

其实在我们的日常生活中，也有各种各样的定论或者说常识在转瞬间崩塌。

例一，大家都以为山一证券绝不会倒闭，可它一眨眼的工夫就关门大吉了。

例二，大家都以为东南亚某个度假胜地很安全，但它突然间被海啸摧毁了。

例三，某公寓明明通过了检验机构的检验，可它的抗震能力明显不足。

既然可以被"颠覆"，那就意味着它们并不是定论，而是假设。

我要再强调一遍：你心目中那些经过科学方法验证的定论，其实都是假设。你脑子里的各种常识，也都不过是假设而已。

正因为它们都是假设，才会被突然颠覆。

假设才是科学的根基

为什么所有假设都永远不可能得到验证，不能成为定论？

我不会这么早剧透的。大家会在阅读本书的过程中慢慢参透其中的奥妙。

本书的中心思想可以归纳成下列三点：

这个世界是由假设组成的。

科学绝不是万能的。

我们的头脑都已经僵化了。

也许看完这本书之后，你的头脑就会变得特别灵活。

"假设"才是科学真正的根基。

无论你是文科生还是理科生，掌握科学的思维方式，对今后的人生都有莫大的益处。

无论是科学，还是历史、艺术、政治或经济……其实人生的方方面面，都抹上了一层厚厚的"假设"。

能否意识到这一点，直接决定了你看世界的角度。看待世界的角度变了，你的人生轨迹自然也会朝更美好的方向改变。

准备好了吗？和我一起踏上假设世界的探索之旅吧！

第一章

世界是由假设构成的

一对准夜空就出故障的望远镜?

大家应该都听说过伽利略吧? 就是那位因为"日心说"在宗教法庭上被判有罪的科学家。

据说他当时撂下了一句狠话:"即便如此,地球依然在运转。"人们将他尊为"天文学之父"。他在比萨斜塔做的实验也广为人知。

伽利略也是最早将望远镜应用于科学研究的人之一。

一六〇八年,世界上第一台望远镜在荷兰问世。听到这个消息后,伽利略经过多次失败,自行摸索出了望远镜的制作方法,并用望远镜进行了天体观测。他研制出的望远镜足有三十三倍的放大率。和数码相机的镜头比较一下,便知道这台望远镜的性能相当了得。

一六一〇年四月,伽利略在意大利的博洛尼亚召集了二十四位大学教授,向他们展示了自行研制的望远镜。

我的大发现一定能让他们目瞪口呆！

伽利略满怀期许，请教授们透过镜头观看远处的景色。

天哪！遥远的山峦、森林与房屋都赫然出现在眼前。

"这玩意儿不得了！"

教授们被望远镜的威力震惊了，对伽利略交口称赞。毕竟在当时的意大利，还没有人用望远镜看过东西。

然而，故事到这儿还没结束。之后，伽利略又请教授们用望远镜观察了天体。

夜空中的群星原本都是朦胧的光点，可是在望远镜的视野中，连月球表面的环形山都清晰可见。

教授们再一次露出震惊的神色。片刻之后，他们竟异口同声地说道："这望远镜肯定有问题！"

当时首屈一指的天文学家开普勒的学生马丁·霍基也在场。他如此说道：

"那个东西（望远镜）在人间能正常运转，但是它一旦对准天空，就会欺骗我们。"

他这是在挑刺儿。他的意思是，伽利略的望远镜看地上的东西没问题，可一对准天空就会出现故障。

为什么！为什么这群人要否定我的大发现？他们不是都

亲眼看见了吗！

　　伽利略瞬间从快乐的天堂坠入痛苦的地狱。他本以为自己会得到人们的无限赞誉。可等待他的是失意的深渊。

用主观视角看问题的教授们

　　教授们的反应相当耐人寻味。他们为什么会突然认定伽利略的望远镜有问题？

　　这是因为当年的人们认为，天界是由完美的法则支配的完美世界。**换言之，天界是神明居住的世界。**天界的万物都会有规律地运动，呈现出美丽和谐的姿态。

　　所以月球的表面不可能凹凸不平（有环形山），因为凹凸意味着不完美。星球的表面应该是光滑平整的。

　　然而，望远镜中呈现出的星球一点儿都不平整。

　　别说是月亮了，其他星球也没有呈现出人们想象中的模样。太阳表面居然还有脏兮兮的黑点（太阳黑子）。（直接看太阳会刺痛眼睛，但伽利略特意选择了太阳位置比较低的时间段进行观测。）

　　教授们脑海中装着关于天体"本来姿态"的固有观念，可是通过望远镜看到的东西和他们的观念截然不同。于是他们立刻翻脸了："这望远镜不对头！它肯定有问题！"

而当他们用望远镜观察远处的山峰和楼房时，镜头呈现出的景象和他们熟悉的景色完全相同，只是稍微大了一点罢了。

只要走到近处，就能确定被望远镜放大的景色和建筑是不是与现实相符，所以大家能迅速接受望远镜的效果，即通过它看到的地面事物是真实的。

最终，教授们得出的结论是：用望远镜观察地面上的东西没问题，一对准天空就失灵。（笑）他们认定，伽利略的望远镜只有在观察地面的时候才管用。

现在听来，这是不折不扣的歪理。可是在当时，"天界与人间的法则完全不同"才是人世间的常识，所以教授们那么想真是再正常不过。

要是在现代，只要在地面确认了望远镜的性能，人们就会认定望远镜可以正常使用。将它对准夜空时，它也一定能将天界精准地放大——这是现代人的基本思路。

问题是伽利略并没有生活在这样一个时代。**教授们大脑中的主观成见，比望远镜的客观性能更强大。**

错误的常识渗透到了时代与社会的方方面面。在强大的常识面前，博学的大学教授们也被蒙蔽了双眼。

得不到认同的伟大发现……

伽利略当众展示了自己的望远镜，谁知来宾们一口咬定望远镜有问题。伽利略对此作何感想呢？

霍基在手记中这样写道：

"教授们都认定，那个仪器（望远镜）会骗人。伽利略无言以对。第二天一大早，他就黯然离去了，甚至没有礼貌性地称赞一下丰盛的餐食。"

我们能通过这段记录看出伽利略有多么消沉。那时没有一个人替他说一句公道话。

伟人也会被蒙蔽

伽利略的思路更接近于现代人。

他认为，支配天界与人间的法则是一样的，所以望远镜不可能在对准天空的时候突然出故障。凹凸不平的月球表面也不是望远镜的故障所致，而是具有划时代意义的大发现。

"我的望远镜没有坏，这就意味着——是理论错了。"于是，伽利略开始拼命寻找新的理论。

不幸的是，当年并没有任何理论能够证明望远镜的正确性。

而且新理论这个东西也是可遇而不可求的。

其实伽利略本人对光学知之甚少，这台望远镜也是他在摸索的过程中碰巧发明出来的。

换言之，伽利略在还没有构筑起理论的时候，就把实物做了出来。他在谁都没看到过天体表面的时代，制造出了能清楚地捕捉到天体的仪器。

发明这架望远镜后，伽利略起初肯定也是一头雾水，但他并没有被常识蒙蔽双眼。**他直视眼前的事实，进行了反复的思考，而不是让思维原地踏步。**

望远镜的展示会，就是在他摸索的过程中举行的。

伽利略的确没有能够证明望远镜正确性的理论，但他还怀着一线希望——也许这些聪明的大学教授中，会有一个人同意他的见解……也许这就是伽利略举办展示会的初衷。

无奈教授们大脑中的常识实在是太根深蒂固了，连伽利略都束手无策。

这场关于望远镜的悲剧，充分体现出了常识的顽固性。

不可思议的行星逆行

再跟大家讲一个和天界有关的故事。

乍看之下，夜空中的星星会花一整年的时间自西向东移动。但如果我们坚持观察，就会发现有些星星突然开始从东往西走。

这就是所谓的"行星逆行"现象。

一般的星星（恒星）是不会逆行的，只有行星（水、金、地、火、木、土、天、海、冥①）才会。行星在日语中写作"惑星"，这正**是因为它们会偶尔逆行一下，就像是犯了迷糊一样。**

托勒密提出的地球与火星的位置关系

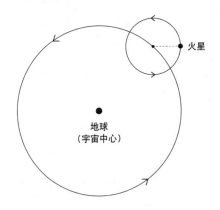

那么逆行现象究竟是如何产生的呢？古人无法给出一个明

---

①曾经被认为是太阳系"九大行星"之一的冥王星于 2006 年 8 月 24 日被定义为"矮行星"。但是在 2015 年，NASA 发现冥王星的直径要比科学家们此前推测的大。目前这场争论还没有结果。（无特殊说明，本书注释均为译注。）

确的解释。

天界是被完美法则支配的完美世界。**天界出现这种不规律的现象，本来就是一件不可思议的事情。**

后来，古罗马时代的希腊天文学家克罗狄斯·托勒密提出了一个设想。

他试图用两个圆圈来解释这种不可思议的现象。请看示意图。假设逆行的行星是火星好了。

托勒密提出的逆行成因

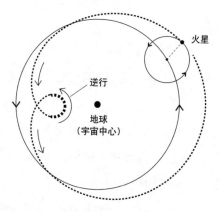

在当时的常识体系中，地球就是宇宙的中心，那么火星自然会围着地球旋转。

托勒密做了什么呢？他在火星的轨道上多画了一个圈。

他认为，火星本身就在围绕着某个点旋转，而这个圈又以地球为中心做圆周运动。

追踪火星的运动轨迹，就会发现图中所示的运转规律。

在地球人看来，火星平时会在夜空中从右往左（自西向东）移动，但是在加粗的虚线处，火星就是从左向右（自东向西）移动的了。

如果说这就是行星逆行的真相，那么托勒密用两个圆圈阐述了其中的原理。

慢车也会逆行

乍看之下，托勒密的理论还挺合理的。只要画两个圈，就能把行星逆行现象解释清楚。

然而，随着中世纪天体观测技术不断进步，人们逐渐意识到，托勒密的体系在短期内还说得通，却不符合长期观测的结果。

就在这时，尼古拉·哥白尼出现了。

哥白尼完全否定了统治人类世界近两千年的地心说。他提出了一种全新的理论，即日心说。他认为地球是绕着太阳运行的。只要运用这套理论，就能将天体的运动模式解释得更清楚、更合理。

哥白尼认为，地球和火星都在绕太阳运行，而且两者的运行速度不一样。地球绕一圈只要一年，火星却需要两年。

　　地球跑得快，自然会在某个时间点超过火星。这个时候，地球上的人们就会产生火星在逆行的错觉。看看下面的示意图便一目了然。

哥白尼提出的地球与火星的位置关系

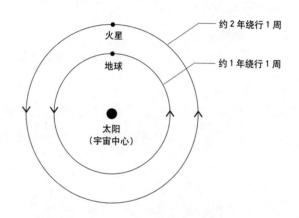

　　在哥白尼的理论体系中，**地球是快车，而火星是慢车**。快车超过慢车的时候，坐在快车上的人就会觉得慢车好像在后退（逆行）一样。

　　哥白尼大胆怀疑了天文学的大前提地心说，这才有了推动历史的大发现。

还有人觉得宇宙是这样

哥白尼的日心说颠覆了常识。自不用说，很多人对他的理论提出了疑问，比如丹麦天文学家第谷·布拉赫。

第谷是个脾气暴躁的人。年轻时，他在决斗中被人削掉了鼻子，所以他毕生都戴着义鼻。当年大家一般用他的名字"第谷"称呼他（现在也是如此）。

第谷以二十余年的天体观测数据为基础，提出了与哥白尼的观点不同的宇宙体系。

他对日心说持怀疑态度，但通过长年的观测，意识到地心说也有许多不合理之处。所以他提出的体系，算得上是日心说与地心说的折中方案。

第谷提出的地球与火星的位置关系

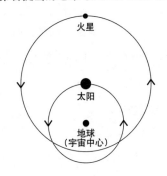

第谷是这么想的：

地球还是宇宙的中心，太阳绕着地球转。但是地球之外的行星都绕着太阳运行。

他跟托勒密一样，都用两个圆圈解释了逆行现象。

在我们现代人看来，第谷的理论未免有些牵强，但他无论如何都接受不了日心说。**这是第谷认知上的局限性**。

第谷虽然没跳出自我的局限性，但他并不是死脑筋。我们甚至可以说，他是个天才。只是支配了人世间整整两千年的常识"地心说"实在太强大了。

天才哥白尼也没摆脱常识的束缚

德语中有个说法叫"哥白尼式革命"。哥白尼是改变了世界的伟人，必将名垂千古。

然而，拥有天才头脑的哥白尼也有无法突破的世界观。

这个世界观，我已经反复强调过很多次了——"天界是被完美法则支配的完美世界。"这不，**哥白尼构思的宇宙体系，依然被完美的正圆支配着**。

要是所有星体都在夜空中描绘出从东向西的完美弧线，从不逆行，也许谁都不会想到地球居然是绕着太阳旋转的。

可是人们在观察夜空时发现，逆行现象会定期发生。这到底是为什么呢？

为了解释这种现象，托勒密用了两个圆圈，哥白尼用了以太阳为中心的同心圆。问题是，他们构想的都是正圆形的圆圈。第谷的折中方案也建立在正圆上。

怎么会这样呢？**因为三位科学家的脑海中都有一条常识："宇宙是完美的。"**

在他们看来，不把所有元素都替换成完美的元素，就不算把逆行现象解释清楚了。

大家不妨设想一下：如果不存在"宇宙是完美的"这个假设，逆行现象就不是什么不可思议的现象了。人们兴许会想，哎呀，星星偶尔换个运行方向也是有可能的嘛。说不定就没有人深入思考逆行现象的原因了。

正因为宇宙中的一切都建立在"完美"一词上，才需要用最完美的元素去诠释宇宙的现象。

这就是哥白尼的局限性。

哥白尼再厉害，也没能想到地球的运行轨迹并不是正圆，而是椭圆。

第谷没跳出地心说的世界，而哥白尼也没跳出正圆的世界。

这并不意味着哥白尼是个死脑筋的人。我们只能说，支配着那个时代的常识实在是太强大了。

粉碎天神的世界

现代的、科学的宇宙观，是由德国天文学家约翰尼斯·开普勒一手创立的。他是第谷的弟子。

开普勒在一六〇六年发现，行星的运行轨道并不是正圆形，而是椭圆形。

第谷留下了大量的天体观测数据，而且数据的精确度极高。开普勒根据这些数据，重新计算了行星的运行轨道。他发现，光靠哥白尼的日心说，还无法解释一些微妙的误差。

这些误差是怎么来的呢?

开普勒重新分析了第谷的数据，这才发现行星的轨迹并不是正圆，而是椭圆。

开普勒的发现简直像拳击场上的最后一击。

地球根本就不是什么宇宙中心,它的轨道也不是正圆形。**"神明居住的天界"**终于被彻底粉碎了。

椭圆形的运行轨道和日心说彻底颠覆了人们的宇宙观，具有划时代的伟大意义。

常识不过是一种成见

在之前的论述中，我故意使用了"常识"这个词。所谓常识，就是指生活在那个时代和那个地区的大多数人脑中根深蒂固的观念。

在我们这些后人看来，无论是嘲笑伽利略的大学教授、托勒密还是哥白尼，都被错误的常识蒙蔽了双眼。

可是，生活在现代的我们也不能免俗。

今天还牢牢印在我们大脑中的常识，也许到了明天就会被突然出现的天才科学家彻底颠覆。

其实啊，常识是非常脆弱的玩意儿，因为它是可以被粉碎的。

所以在之后的章节中，我会将这类常识称为"假设"。**毕竟，常识都不过是假设而已。**

那些所谓"有科学依据"的事物还不一定有明确的解释呢。序章中飞机的例子就充分说明了这一点。

我们的世界观，还有父母和学校教给我们的知识，都是假设。

想必大家都在学校里学过，"世界上速度最快的东西就是光"，但这也不过是个假设。

也许到了明天，一个大发现就会彻底颠覆这一假设。到了后天，新的假设又会被新的发现所颠覆……

然而，很少有人能明确意识到我们的常识都是假设。毕竟，要是一一怀疑发生在自己眼前的所有事件与所有现象，那也太令人精疲力尽了。

大部分人都习惯了囫囵吞枣，别人说什么就信什么。在他们的脑子里，常识肯定是正确的，飞机的飞行原理早就彻底解释清楚了，没有比光速更快的速度……他们的脑海已经被成见占领了。

但是，正如我反复强调的那样，其实我们脑子里的东西全都是假设，因为"整个世界都是由假设构成的"。

无论是过去、现在还是未来，等待着这些假设的，都是一次又一次的推翻与修正。

这才是真正的科学。

头脑僵硬的人与头脑灵活的人

如果你被常识框得死死的，没有意识到自己脑子里都是假设，那就不得不说，你是一个头脑僵硬的人。头脑越僵硬，就越容易随波逐流，任人摆布。

反之，要是你能养成怀疑常识的习惯，意识到脑海中的假

设，那你就是一个头脑灵活的人。

出门旅游是颠覆常识的好机会。

小时候，我父亲被公司派去纽约工作，所以我们一家在美国住过两年。我还清楚地记得刚到美国的时候，我母亲特别手足无措，而且问题并不是出在语言上。

比如坐公交车吧，她不知道是该从前门上还是从后门上。好不容易上了车，也不知道司机会不会在她要下车的地方停车，因为美国的公交车里没有"停车"按钮，要下车，就得拉动车里的绳索，告知司机。

不仅如此，公交车站的站牌上甚至没有公交线路图，也没有车费一览表和目的地示意图。

可是对当地人而言，公交车的搭乘方法就是不折不扣的常识，无人不知。

现在我们总会在车站碰到不知道该怎么买票的外国游客。我们可没资格笑话人家。要是我们哪天去了他们的国家，肯定也会因为缺乏常识分不清东南西北，一筹莫展。

也许有读者会觉得，这哪能跟日心说、地心说相提并论。但我不敢苟同。

如果你能乘坐时光机，前往伽利略和哥白尼生活的时代，那你肯定也会找不到北。

到时候啊，就不是"不知道该怎么坐公交车"的问题了。

你不了解那个时代人们的思维方式，也不懂他们的世界观。他们所有的常识都和现代人的截然不同，**根本没法沟通**。

但这并不意味着古人就比我们愚蠢，只是他们那个时代的常识和我们的常识不一样而已。

摆脱根深蒂固的假设的确很难

当然，我们不可能为了摆脱脑子里的常识环游世界，也不可能穿越时空，但可以养成怀疑常识的习惯。如此一来，你看待世界和感知世界的角度也会和原来大不相同。

大胆怀疑常识吧！

本书为大家准备了许多"怀疑常识"的小提示。

在接下来的章节中，我会向大家介绍各种各样的科学故事，让大家充分认识到，科学就是由假设组成的，世界也建立在假设之上，而这些假设又是多么脆弱。

看完这些之后，你也许会意识到，自己以前过于相信科学了……

请大家开动脑筋，思考下面的假设

麻醉很管用

大家都知道麻醉是怎么回事吧？

我在拔智齿的时候打过麻醉药。为什么麻醉药的效果会这么好？

麻醉的原理，是不是和脚发麻的原理一样？

（答案见 P167）

第二章

察觉到自己头脑中的假设

科学家为什么要做实验？你能回答这个问题吗？

提起学校里的科学课，大家首先会联想到什么呢？

想必有不少人会联想到用烧瓶、烧杯之类的工具做的"实验"。科学离不开实验，两者的关系密不可分。

可是，我们做实验的目的究竟是什么？

和莎士比亚生活在同一时代的哲学家弗朗西斯·培根曾如此诠释实验与理论的关系：

"实验的目的，就是寻找理论的种子。"

让我们先来分析一下最基本的实验流程。

首先我们要进行反复的实验和观察，收集大量的数据。然后把搜集来的数据归纳成图表，找出其中的规律。接着再根据这条规律提出假设。最后进行更进一步的实验和观察，确认假设的真伪。

比如，我们可以观察每天晚上的月亮。

经过观察，你发现月亮的圆缺基本以三十天为一个周期。于是你提出一个假设："月亮的盈缺每三十天重复一次。"然后你再进行更精密的观察，发现月亮的盈缺周期其实是二十九点五天。实不相瞒，这就是古人编制历法的方式。

我们还可以在斜坡上滚球，用秒表测定滚动的时间，再用卷尺测量滚动的距离。假设你测量到的数据是小球一秒滚一米，两秒滚四米，三秒滚九米。于是你就提出一个假设："距离等于时间的平方。"在此基础上，你要继续滚动小球，确认你的假设是否成立。

总而言之，通过实验搜集数据，就是发现理论，推动科学发展的捷径。

培根说得很有道理，我们之所以要做实验，就是为了寻找理论的种子。

归纳法是自下而上，演绎法是自上而下

培根的思路是通过数据推导出理论。今时今日，他的思路已经成了推动科学进步的不二法门。我们在学校也学习了这种研究方法。

其实培根的方法可以用一个比较晦涩的术语来概括——"归

纳法"。

大家肯定都听说过这个词。"归纳法"常与"演绎法"成对出现，但是很多人并不理解这两个词是什么意思。

简单来说，所谓的归纳法，就是通过个别事例推导出普遍理论，在大量数据的基础上总结出一条法则。我们也可以将它理解为"通过数字推导出公式"。

假设我们已知"球 A 滚落斜坡需要○秒""球 B 滚落斜坡需要△秒""球 C 滚落斜坡需要□秒"……"球 Z 滚落斜坡需要 X 秒"，便可以通过这些单独的事例推导出一个理论："所有小球滚落斜坡的距离都与时间的平方成比例。"

但是在培根提出归纳法之前，演绎法才是最常用的思路。它与归纳法正好相反，是用普遍的理论解释个别的事例。

在演绎法中，是先有"所有小球滚落斜坡的距离都与时间的平方成比例"这个理论，然后再推导出"球 A 滚落斜坡需要○秒""球 B 滚落斜坡需要△秒""球 C 滚落斜坡需要□秒"……"球 Z 滚落斜坡需要 X 秒"。

自古以来，演绎法就是科学研究的基本思路。

先有理论，再用这些理论去解释世界上的所有现象。

我曾在上一章中提到，古人都认为"天界是完美的世界"。而当时的学者都是在这一前提（理论）的基础上进行天体观测。这也是因为演绎法是当时最普遍的研究方法。

我们甚至可以把这两种方法说得再简单些：**演绎法就是自上而下的思维方式，而归纳法则是自下而上的思维方式。**

其实在政治的世界中，也有自上而下与自下而上这两种情况。首相一句话拍板，自然就是自上而下。而大量市民举行签名运动，推动政府采取某项举措，那就是自下而上了。

科学世界的思维方式与社会的构成和形式是相同的。

搜集再多的数据也没用

时至今日，培根的思路（归纳法）仍是大多数人头脑中的"科学研究方法"。

然而，曾有一个叫皮埃尔·迪昂的人对此唱起了反调。

他认为，"数据不能推翻假设，也不能改变理论。唯有理论才能推翻理论。"

这里的理论跟"假设"是一个意思。换言之，"**唯有假设才能推翻假设。**"

这话是什么意思呢？

我在第一章中介绍了伽利略的望远镜。伽利略手里有数据，但他没法推翻教授脑海中的假设。

如果光靠数据就能推翻假设，那么当大家用望远镜仰望天空，看到月球表面的环形山时，"天界是完美的"这一假设就会轰然倒塌。

可是假设并没有被推翻。

假设其实就是一个框架。不属于这个框架的数据，自然就无法发挥出数据应有的功能。

"月球表面是凹凸不平的"这条数据，就不属于"天界是完美的"这个框架，所以人们会对它视而不见。

由此可见，归纳再多的数据也没用。再多的数据也无法打破框架。

那我们要如何推翻框架呢？唯一的办法就是构筑起一个全新的框架。必须有人提出一个全新的假设，并在此基础上深入思考，只有这样才能推翻现有的假设。

这就意味着，用数据构筑新理论的培根主义，无法起到打破框架的作用。

事实不止一个

正因为培根主义不管用，迪昂才会提出反对意见。给大家举一个"唯有假设才能推翻假设"的例子吧。

∽

　　我走进一位博士的实验室，只见博士忙得头发都竖起来了。

　　实验桌上摆满了烧杯，煮着奇奇怪怪的液体，咕咚咕咚直冒泡。三角形的线圈正噼里啪啦迸溅火花。

　　我这个门外汉只能看出烧杯的液体在冒泡，线圈在冒火花。但是做实验的博士看到的就是另一种光景了。

　　"博士，您在干什么呀？"

　　"嗯？你猜猜看呗。"

　　"我猜不出来呀。"

　　"你看过一部叫《回到未来》的电影吗？"

　　"啊？"

　　"这就是时光机呀！"

∽

　　这个例子中的玩笑成分比较多，不过我想通过它告诉大家，科学家眼中的事实和我们这些外行眼中的事实是两回事。

　　在你走进实验室的那一刻，肯定会把眼前的光景放在某个框架下进行分析。是用物理学框架来分析，还是用日常生活框架来分析，会直接决定你看到的"事实"。所谓的事实，其实会随着框架变化。

你所看到的世界，取决于你脑子里的假设。

人会从有利于自己的角度诠释事物

我们总以为事实是永恒不变的，但是通过上面这些例子，我们就能看出：事实也都建立在假设的基础上。

世界上并不存在"赤裸裸的现实"这样的东西。也就是说，在你搜集数据的时候，你的心里就已经有了假设。你会在一早搭建起来的框架之中解释你搜集到的数据。

换言之，我们都是"从假设出发的"。

在做实验之前，实验者也会先想好"我要搜集这样那样的数据"。有了假设，才会产生做实验的念头。

如果你连假设都没有，就不会产生"我要做实验""要观察实验结果"的想法。

神话传说与考古学的关系就是一个生动的例子。

假设某个村子流传着这样一种说法："这里有一座国王的陵墓。"大多数人都以为这是虚构的传说。可是有一天，一位考古学专业的年轻学生碰巧路过这座村庄。他发现村庄角落里的小山丘有十分独特的形状。

"这山丘的轮廓好独特啊，也许它是人工堆出来的。"

于是他便提出了一个假设："说不定这座小山丘就是国王的陵墓。"

他做了各方面的准备，说服了导师和周围的人，征得了村民的同意，开始了对小山丘的挖掘工作。

一个月后，国王的陵墓出土了。于是神话与传说就转变成了史实。

问题是，如果这个学生的导师是个死脑筋呢？

"那种民间传说到处都有，你还当真了呀，别闹了。"

要是导师"枪毙"了学生的挖掘计划，那就没有"然后"了。

学生的新假设被权威否定了，所以他不会进行下一步的实验与观察。

在伽利略的例子中，声名显赫的教授们认定"宇宙是一个完美的世界"，所以当他们通过望远镜看到月球表面的环形山时，都一口咬定这台望远镜有问题。

当事实与现有框架不符时，人们往往会歪曲事实，把它硬塞进框架中。

但当事人并没有意识到自己在歪曲事实。正因为是无意识的，才无法察觉到自己已经被某个假设牢牢束缚住了。

严重的误解：以太大发现

再给大家举一个"先有假设"的例子吧。

电磁学的创始人詹姆斯·克拉克·麦克斯韦在他的著作《电磁理论》中提出了一个观点：电以电磁波的形式在空间内传导。在此之前，人类并没有"电磁波"这个概念。

然而，麦克斯韦只提出了概念，并没有证实自己的假设。

直到一八八八年，海因里希·鲁道夫·赫兹才首次在实验中检测到电磁波，证实了电会通过电磁波传导。

赫兹的实验被视作科学的重大进步，为人们广泛接受，并引起了巨大的轰动。

为什么大家会如此欢迎赫兹的实验结果？因为当时的科学家还以为，赫兹的发现证实了以太的存在。

曾认为绝对存在的物质

我先给大家解释一下"以太"为何物。

以太的英语是"ether"。在现代，这个单词指的是用于麻醉的化学物质乙醚。但以太的历史可以追溯到古希腊。当时的大哲学家亚里士多德认为：

"月下的世界由土、水、火、气这四大元素组成。这个世界是不完美的，在不断重生与消灭，其运动呈直线。而月上的天界是由神秘的第五元素以太构成，它无比完美，所有天体的运动轨迹都呈正圆形。"

在伽利略的例子中，我们也能看到这种思想的影子。

支配着那些大学教授头脑的假设，显然能一路追溯到古希腊的亚里士多德那儿。

我们在这里讨论的以太，就是中世纪哲学家勒内·笛卡尔根据亚里士多德的见解提出的概念。

笛卡尔认为，宇宙空间中充满了一种肉眼看不见的物质。这种物质就是"以太"。他认定，以太就是传播光的介质。（"介质"这个词听上去有些陌生，其实它的意思是"媒介物"，翻译成英语就是"media"，和电视报刊等传播信息的"媒体"是同一个词。）

从那时起，以太就成了一种理应存在的物质，和空气一样。只是没人能证实它真的存在罢了……

其实赫兹不过是通过实验检测出了电磁波而已。他之所以做实验，并不是为了证实以太的存在。以太跟电磁波根本就是两码事。可是当时的人们还是在它们之间画上了等号。

学界沸腾了——"以太的存在终于得到了证实！"

这到底是怎么回事呢？

粉碎固有观念的爱因斯坦

且听我慢慢道来。

电磁波里有个"波"字，顾名思义，它是一种波。而波通常都需要在某种物质中传导。好比水波需要在水分子中传导，地震波则需要通过地壳传导。

当时，人们认为波的传导离不开"介质"。

即便是在现代，不太了解科学的人大概也会这么想。波要传导，当然需要介质帮忙。

既然水波和地震波都有介质，那么电磁波肯定也有相应的介质，人们会这么想也是情有可原。而这个介质，就是宇宙空间中无处不在的物质以太。

那时，人们认为电和光是两种极为相似的物质。所以，当赫兹通过实验证实电磁波可以在空间中传导之后，人们就认定这场实验也同时证实了光的介质以太的存在。

然而一九〇五年，阿尔伯特·爱因斯坦发表了狭义相对论，否定了以太的存在。从此以后，"并没有充斥着空间的物质，空间本身就能传导光与电磁波"便成了物理学常识。

换言之，波的传导不一定需要介质。

这不就是新假设推翻了旧假设吗？

到头来，从结果来看，空间中有以太、波的传导离不开介质等理论都不过是假设。

但这两个假设太深入人心了，除了爱因斯坦，谁都没意识到它们是假设，所以人们才会在"以太假设"的框架下诠释赫兹的电磁波实验。

瞧瞧，这就是"先有假设"的典型案例。

泡沫经济是假设，所以它才会崩溃

大家是不是觉得，这些都是和我们的日常生活没什么关系的科学故事，有点枯燥？

那就来个和日常生活有关系的话题吧。

泡沫经济的崩溃和它留下的后遗症让日本社会一筹莫展。事情发展到现在这个地步，也是因为我们坚信"地价绝不会下跌"，这就是所谓的土地神话。其实，土地神话也是一个假设。

不幸的是，大多数日本人都没有意识到这一点，所以当土地神话突然崩塌时，日本经济也随之重重摔落到谷底。

当时的日本经济体系就建立在这样一个脆弱的假设上。个人与企业不得不处理大量的不良债权，从零开始，从头来过。

"假设无处不在"绝不是什么纸上谈兵。牢记这一点，对我们的人生也有极大的益处。

当大多数人被泡沫牵着鼻子走，草率进行危险投资的时候，依然有一部分公司保持冷静，继续采取脚踏实地的经营方针，因为他们考虑到了土地神话崩塌的可能性。

比如为我提供房贷的 S 银行。虽然只是一家地方银行，但它没有受到泡沫经济崩溃的影响。

跟大家扯两句题外话吧。我是一个自由作家，不是任何公司与大学的员工。早在十多年前，我就有了买房的念头，可是绝大多数大银行都拒绝了我的房贷申请。

我一直在脚踏实地认真工作，收入也还不错，没想到银行会这么不给面子，所以我觉得很受打击。

银行为什么不给我贷款呢？

因为那些大型银行的房贷负责人脑子里有一个毫无根据的假设：**有公司和大学之类的工作单位的人才可靠，给没固定工作的人贷款风险太大了。**

被"土地神话"耍得团团转的大型银行，自然无法逃开其他假设的束缚（或许他们至今也没能跳出这个框架）。

但是在泡沫经济崩溃时毫发无伤的 S 银行受理了我的申请。

他们的判断标准并不是我有没有工作单位，而是我的工作业绩和实际收入。

这就说明 S 银行的高层并没有被横行于日本社会的无谓假设牵着鼻子走。

与此同时，我察觉到自己脑子里也有一个毫无根据的假设："找大型银行贷款才放心。"这件事也让我深刻反省了自己的无知与愚昧。

由此可见，支配着人类的假设不仅存在于科学的世界，在我们的日常生活中，假设也是无处不在。

篡改数据的人拿了诺贝尔奖？

聊完了日常生活，再次回到科学的话题上来吧。

大家听说过密立根吗？他进行的"油滴实验"可是相当有意思的。

密立根是一位美国物理学家，一九二三年的诺贝尔物理学奖得主。他的主要成就是发现了"基本电荷"。

基本电荷又名"元电荷"，是电的最小单位，我们也可以把它理解成最小的电荷。

密立根通过油滴实验得出了一个结论，所有的电（"电荷"

是更严密的说法）都是他发现的基本电荷的整数倍。

换言之，任何带电体的电荷都能用"基本电荷的三倍""基本电荷的十倍""基本电荷的 ×× （整数）倍"来表述。

建立在三角关系上的实验

这就是油滴实验的示意图。

密立根的油滴实验

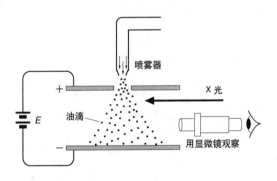

实验方法很简单。

如图所示，密立根以两块金属板作为两极，上面是正极，下面是负极。两极之间会产生电压。

然后，他再用喷雾器从上往下喷射油滴。离开喷嘴时，油滴就会带电。

带电是一种很有意思的现象。想必大家都知道，用垫板摩擦毛衣时会产生静电。我们小时候都玩过用摩擦过的垫板吸头发的游戏。把垫板放到头上，头发就会立起来。

　　用喷雾器喷出来的油滴，就是这么带上电的（为了让油滴更容易带电，密立根还用 X 光对它们进行了照射）。

　　带电的油滴会在重力的作用下下落。然而油滴上有电，实验者可以通过多次改变电压，精准控制油滴的下落速度。

　　具体做法是这样的：

　　实验者控制的电压、油滴的下落速度和油滴的带电量，处于相互影响的状态。

　　我们甚至可以说，**它们之间存在一种三角关系。**

　　因此，只要能测定出电压和下落速度，就能计算出油滴的带电量了。

　　这和知道了三角形的两边，就能得出第三边的长度，道理是一样的。

　　密立根搜集了大量的油滴数据，进行了分析，最终得出了"电存在最小单位"的结论。

　　这就是著名的油滴实验。这项实验着实伟大，在科学史上写下了浓墨重彩的一笔。

把不符合要求的数据统统剔除

别急，好戏才刚开始呢。

其实，密立根手里有一百七十多次观察结果，但他的论文里只用到了其中的五十八条数据。

为什么密立根没有把剩下的一百一十二条数据也用到论文里呢？

这一百一十二条数据就在他的实验记录里，却没有出现在对外发表的论文中。他甚至没有提起"共有一百七十条数据"这件事。

这是怎么回事？

原来，那一百一十二条数据并不符合"电量是基本电荷的整数倍"这一假设。所以他就略去了这些数据，因为它们不利于自己的理论……

敢情密立根也是个"先有假设"的人啊。

要是把所有数据都用上，那他只能得出"基本电荷并不存在"这个结论了。可密立根想要的结论是"基本电荷的确存在"。

于是他就把不理想的数据搁到一边，只用了能支持假设的数据。

从一开始，"电有最小单位"这个假设就在密立根的脑子里了，所以他才特意做油滴实验。

可是……科学家真能这么做研究吗？

这也太随意、太主观了吧。跟作弊有什么区别？他剔除了所有不理想的数据，只用了剩下的三分之一。

难道科学不该是客观公正的吗？

富有人性元素的科学

大家千万不要误会。从结果来看，密立根的行为并没有问题。

他认为，不符合假设的一百一十二条数据是实验手法的误差导致的。

密立根这个人颇有些工匠精神，很重视自己的直觉。上面这个结论完全就是凭感觉得出的。

直觉告诉他，"基本电荷是存在的"，于是他认定不符合假设的数据都是实验误差所致，大胆舍去了三分之二的数据。要不是他有这份直觉，也许就不会取得成功了。

看过这样的例子之后，你是不是对科学刮目相看了？你不觉得科学和人性有异曲同工之妙吗？

这并不是什么坏事。建立在直觉上的实验也有可能引出划时代的大发现。

当然，在油滴实验之后，其他科学家也进行了各种各样的实验，验证了密立根的理论，并提高了实验的精确度，所以密立根的假设才能屹立不倒。

如果别人做的实验得出了与密立根完全相反的结果，那还有谁会记得基本电荷的假设呢。

如果是这样的话，密立根的行为就会沦为故意篡改数据，毕竟他一共只有一百七十条数据，却舍去了其中的一百一十二条。他甚至可能被贴上骗子的标签。

伟人与骗子，不过一线之隔。只要结果好，那就是皆大欢喜。

这不，密立根还拿到了诺贝尔奖呢。

推翻成见的必要条件

让我们做个小总结吧。

通过数据推导出新理论的归纳法往往难以发挥作用，因为它面前有一堵高墙："先有假设。"

实验者与观测者的脑子里早就有了假设。所有实验数据与观察结果，都会在这个假设的框架内得到诠释。从这个角度看，"赤裸裸的事实"这样的东西是不存在的。

所以我们无法用数据来推翻假设。"唯有假设，才能推翻假设"。

可是细细想来，这不就是演绎法吗？这不正是那群认定伽利略的望远镜有问题的大学教授头脑中根深蒂固的方法论吗？

答案是肯定的。只有演绎法才能推翻陈旧的假设。

但是大家千万不要误会。伽利略和密立根都很清楚自己是从假设出发的，这是他们与那群大学教授的本质区别。

普通人根本不会意识到自己脑子里都是假设。这样的人就算用演绎法，也做不出什么成绩来。

能够推倒旧假设的，只有那些察觉到旧假设的存在，并在此基础上构筑起新假设的人。

要我说啊，只有满足了这个条件的人，才有资格使用演绎法。

全新的构想会惨遭迫害

伽利略意识到，"天界是完美的"可能是一个假设，他便试图用望远镜证明自己的猜想。

他的脑子里有一个新的假设："统治天界和人间的法则是一样的。"然而，被框死在旧假设里的教授们一口咬定，"你在胡说八道！"

而密立根构筑的新假设是"电有最小单位"。他大胆冒着篡改数据的风险，最终荣获诺贝尔奖。

从结果来看，伽利略和密立根的假设（至少在现阶段）都是正确的，但世间的评价却曾经是"荒谬至极"与"诺贝尔奖"。

他们受到的待遇为什么会有这么大的差别？

因为伽利略提出的新假设"天界并不完美"触犯了当时的禁忌，密立根的假设不存在这个障碍。

推翻小假设的难度并不高，可你要是想推翻神圣的大假设，就会遭到强烈的抵抗，甚至有可能惨遭迫害。

经历了相当漫长的时间之后，人们才逐渐接受了伽利略的新假设。

也许禁忌并不是禁忌

也许有读者会问，我们这样的普通人要如何察觉到扎根在脑子里的假设呢？

我十分尊敬的科学哲学家保罗·费耶阿本德这样建议：

"去挑战禁忌吧，去接触各种各样的假设吧。"

他认为，关键就在于近距离接触各式各样的假设。

否定伽利略的大学教授们对可能威胁自己心中假设的代替方案充耳不闻，因为新的假设触犯了社会的禁忌。

而费耶阿本德认为，我们应该大胆挑战禁忌，多多接触各种各样的假设，让自己产生智慧层面的"免疫力"。

　　例如，即使身处民主主义国家，我们也要主动了解其他国家的"思想"，甚至有必要了解一下否定国家的无政府主义思想。

　　另外，日本人大多没有宗教信仰，而且日本采取的是政教分离的原则，但世界上有很多由宗教领袖执政的国家，所以也应该多了解这些国家的宗教教义。

　　没有一种神药能让我们立刻摆脱假设的束缚。

　　但我们可以尽力开阔眼界，比较不同的假设。如此一来，就能鼓起勇气去怀疑占统治地位的假设了。

　　关键就在于你有没有充分的"思想准备"。

　　稍微觉得有些不对劲，稍微有点想不通的地方，就可以仔细思索一番："这个假设属于哪种模式？"

　　为了养成这种习惯，我们需要接触许许多多模式的假设，提高自身的免疫力。

请大家开动脑筋，思考下面的假设

日本的海岸线长达
2400 公里

　　仔细观察日本地图，就会发现日本的海岸线是凹凸不平的。那就让我们来算算日本的海岸线到底有多长吧。

　　日本的国土面积约为 37 万平方公里，和一个 600 公里见方的正方形差不多大（600×600=360000）。

　　而正方形的边长是 600+600+600+600=2400 公里，所以日本的海岸线就是这么长。

　　这么算到底对不对？

（答案见 P168）

第三章

假设的一百八十度大逆转

有些假设深入人心，有些却被嗤之以鼻。假设享受的待遇着实各不相同。在这一章中，将带大家领略假设的惊天大逆转。

无论什么时代，假设都是可以被推翻的！

医学界的负面遗产：额叶切除术

一九四九年的诺贝尔生理学或医学奖得主叫安东尼奥·埃加斯·莫尼兹，是一位葡萄牙籍的医生。

因为他"发现了额叶切除术在某些精神病治疗领域的应用价值"。简而言之，这个人发明了一种叫"额叶切除术"的手术，而这种手术可以治疗精神病，所以他才会得到世人的赞誉。

额叶切除术英文是"lobotomy"。这并不是把人改造成机器人的手术。[①]"lobo"指的是前额叶、侧额叶这样的"额叶"，而"tomy"

---

① 日文中"lobo"与"robot"发音相近，robot 是机器人之意。编注。

是"切除、切断"的意思。

顾名思义，额叶切除术就是一种切除大脑额叶的手术。

在现代，额叶切除术可谓臭名昭著。

囊括五项奥斯卡大奖的电影《飞越疯人院》就向世人控诉了额叶切除术的惨无人道。由杰克·尼克尔森饰演的男主角做完额叶切除术之后，成了一个废人。这部改编自美国作家肯·克西同名小说的电影上映后曾轰动一时。

额叶相当于大脑的司令部，要是动手术切除这个部位，那就是摧毁了病人的人格——这是现代医学界的常识，因为额叶是形成人格的最重要的区域。

为什么如此惨无人道的额叶切除术能盛行一时？为什么它的发明者能拿到诺贝尔奖？

既然对黑猩猩有用，那么对人类……

我们能在诺贝尔奖的官网上找到莫尼兹获奖的始末。事情的来龙去脉是这样的。

据说额叶切除术的历史可以追溯到一九三五年。从那时开始，到六十年代的三十年间，这种臭名昭著的手术曾在世界各地广泛流行。

这种手术最早用在黑猩猩身上。

一九三五年在伦敦召开的神经学大会上，卡莱尔·雅各布森与约翰·弗尔顿发表了一项研究成果："对黑猩猩进行额叶切除术，能够去除其凶暴性"。

莫尼兹恰好也参加了那次会议。他灵光一闪——能不能把这项成果运用到精神病人身上呢？他立刻在自己的患者身上做起了实验。

在现代人看来，这简直是荒唐透顶。

雅各布森和弗尔顿只做过动物实验，而且就做过那么一次。要是莫尼兹的事发生在现代，他早就进监狱了。

今时今日，许多医院都设有伦理委员会之类的机构，绝不会批准医生做这种不人道的实验。可是在当年，医院的管理没有这么严格。

为什么莫尼兹如此着急？因为当时还没有针对精神分裂症、躁郁症等精神疾病的有效治疗方法。

现在，人们已经研发出许多能有效治疗精神分裂症的药物，能够对症下药了。但这是脑科学的进步带来的硕果。在二十世纪三十年代，还没有行之有效的药物疗法。

那当时的医生是如何治疗精神病患者的呢？有些患者被套上了拘束服，以免他们大吵大闹。有些患者被强行按进浴缸里泡澡。还有医生给患者注射胰岛素，使其陷入昏睡状态，苏醒之后，患者的精神状态就会显得稍微"稳定"一些……这样的治疗手法跟严刑拷打有什么区别？

我不禁联想到了影视作品中的疯狂科学家。

总而言之，那时的医生还在摸索治疗方法。正因为他们一无所知，才会给患者注射各种各样的药物，进行各种各样的治疗。也难怪莫尼兹会急不可耐地尝试额叶切除术了。

副作用？没关系。出人命？无所谓

莫尼兹在一九三五年十一月进行了第一台手术。之后，**他竟然一连在几十名患者身上做了实验。**

莫尼兹如此说道："额叶切除术是一种非常简单的手术，而且也非常安全，因此它是治疗某些精神疾病的有效外科手段。"

在说出这段话的时候，他就已经认定："这项手术有疗效！"

果不其然，这种手术立刻普及开来。

美国神经科医生沃尔特·弗里曼和詹姆斯·华特斯对额叶切除术产生了兴趣，并把这种方法带回了美国。在短短一年时间里，美国共有六百多名精神病患者接受了这种手术。

虽然这项手术还没能遍及全世界，但它的实施范围在不断扩大。

那么这种手术的问题是在什么时候浮出水面的呢？实不相瞒，早在三十年代末，就有人发现了它的弊端。

下面这段话引自诺贝尔奖官网上一九四八年的记录。一位母亲如此形容接受了额叶切除术的女儿：

"我女儿就跟换了个人一样，她的灵魂被抽空了……"

换言之，人们从一开始就意识到这种手术存在副作用。

尽管莫尼兹始终强调"手术非常安全"，但死在手术台上的人不在少数。**事实上，死亡率高达百分之四。**

但人们觉得手术的治疗效果是首位的，相较之下，区区副作用不足一提。那时的人认为，治疗效果比副作用重要得多——这都出人命了啊！

忧郁症患者太多了

再看看当时的社会背景吧。为什么一种会闹出人命的手术能盛行至此？我们可以从社会背景中找出些许端倪。

二十世纪三十年代到四十年代是一段战火纷飞的时期，二战的硝烟四处弥漫。精神病患者的数量激增，医院都快住不下了。

总得想想办法呀！于是额叶切除法就受到了追捧，而且还是政府的追捧。大量病人接受了手术，先后出院。

在莫尼兹一九四九年获得诺贝尔奖时，美国已有一万多人接受了这种手术。**这是一个相当可怕的数字。**可见在当时额叶切除术是一种非常普遍的治疗方法。

二战结束后，额叶切除术也传入了日本。单单广濑贞雄一人就做了五百多台手术。天知道日本总共有多少人遭了殃。

所以在那个时候，把诺贝尔奖颁给莫尼兹是一件理所当然的事情，没什么好奇怪的。

舆论急转直下

额叶切除术获得了诺贝尔奖，被认为对人类作出了贡献。然而自一九五二年起，氯丙嗪等药物疗法接连问世。世人对额叶切除术的评价也是急转直下。

人们本以为手术的效果比副作用更显著，所以副作用没有受到太多的关注。然而，当更为有效的治疗方法问世后，手术的副作用就暴露在了聚光灯下。

随着脑科学的不断进步，人们逐渐意识到了额叶的重要性。

大脑的司令部都被切除了，人能不变得温顺吗？然而，这种手术真的称得上是"治疗"吗？做了手术的病人会完全失去自己的人格与灵魂，而且这种变化是不可逆的。

人们经过反复讨论，得出了一个结论：额叶切除术是无法挽回的错误。舆论来了个一百八十度大转变！

七十年代过后，这种手术就几乎绝迹了。

世上没有"绝对正确的事"

诺贝尔奖算得上是全世界最具权威的奖项了，可它也有"黑历史"。不过这种一百八十度大转变还是十分罕见的。

莫尼兹得奖的时候，全世界都对他赞誉有加。"额叶切除术是杰出的精神病治疗方法"，这不仅在医学界，而且在全世界都得到了认同，甚至变成了一种常识。

然而，新的治疗方法一经问世，人们就对这种手术作出了截然相反的评价。

我并不想在这里评判手术发明者莫尼兹的功过，只是想通过这个例子向大家说明，"正确的方法"会随着时代的变迁而变化。

额叶切除术之争的本质，和地心说与日心说的问题完全一样。

在现代人眼中，伽利略是一个伟人。可是伽利略在世的时候，并没有享受到伟人的待遇。他是人们眼中的狂人和疯子（即便有一小部分人对他评价很高……)。

在法国大革命之前，国王是绝对正确的权威。但是在革命之后，国王的价值就一落千丈了。

之前介绍过的日本泡沫经济也是一个很好的例子。

一言以蔽之，"正确的事"会随着时代与地点的变化而变化。

这个世上没有永恒的正确，因为人的所思所想，都不过是"假设"而已。

我将这种假设的变迁戏称为"假设的黑化"。

假设也能分成很多种。经过了实验的反复验证，深入人心的假设，就是"白色假设"，然而，看似完美的白色假设也有可能被完全颠覆。

无限接近谎言、不符合实验与观察结果的假设，就是"黑色假设"。不过这样的黑色假设也有可能在某一天突然转化成白色假设。

第十大行星？

既然说起了白色假设与黑色假设，那就给大家讲一个轻松有趣的小故事吧。

二〇〇五年夏天，美国国家航空航天局（NASA）发布了一条惊人的消息：我们发现了太阳系第十大行星。

众所周知，太阳系有九大行星：水星、金星、地球、火星、木星、土星、天王星、海王星、冥王星。而 NASA 发现的天体比冥王星更遥远，却比它更大。

不过这个第十大行星好像有点蹊跷。许多天文学家都对它提出了异议。这是为什么呢？

实不相瞒，同样的事情此前也发生过，并引起了激烈的争论。争论的焦点是十九世纪初发现的谷神星。

一八一〇年一月一日，意大利西西里岛的巴勒莫天文台台长朱塞佩·皮亚齐发现了一颗新的天体。他以希腊神话中的女神之名将这颗星星命名为谷神星。

谷神星刚发现的时候曾一度被认定为行星，**但它后来被降级成了小行星。**[①]

降级原因很简单。火星和木星之间有一条小行星带，而谷神星不过是小行星带中的天体之一。

在谷神星被人发现之后，它周围的其他天体也相继被发现了，而且数量居然多达成千上万。大家这才意识到，原来那是

---

① 2006 年，国际天文学联合会将谷神星重新定义为矮行星。编注。

一个小行星带（小行星带的总质量约为月球的三十五分之一，而谷神星的质量占了小行星带的三分之一）。

那人们为什么没有把之后发现的小行星认定为行星呢？

并非体积小的就是小行星

耐人寻味的是，行星与小行星之间的界线十分模糊。

行星的定义如下：

"围绕太阳公转，在公转轨道占据统治地位，轨道范围内不能有比它更大的天体。"

地球周围就没有比地球更大的天体。而且在地球的公转轨道中，地球占据了统治地位，所以地球是一颗行星。

然而，要是同一条轨道上有许许多多大小相近的天体，那么这些天体就都是小行星。

行星与小行星的区别，说白了就是这么回事：

如果地球的轨道上有很多和地球差不多大的天体，那地球和那些天体都会被归为小行星，而不是行星。

在一般情况下，行星都是比较大的天体，而小行星比较小。但体积小的行星并不一定就是小行星。

归根结底，这并不是大小的问题，而是数量的问题。

判断一个天体是行星还是小行星，参考标准其实是它在那一带是不是唯一突出的天体。是唯一突出的，那它就是行星。要是附近有许多大小差不多的天体，那它就是小行星。

当然，要是这个天体本来就非常小，那就不存在突不突出的问题了。

科学界也有夸大其词的广告？

让我们再回到第十大行星的话题上。

想必大家也猜到了，人们对这个天体是行星还是小行星展开了激烈的争论。

这颗星球目前使用的是一个冷冰冰的编号——2003UB₃₁₃①。二〇〇三年十月二十一日，加州理工学院的天文学家迈克尔·布朗、查德·特鲁希略和戴维·拉比诺维茨发现了它。

为什么这三位天文学家认为它是太阳系的第十大行星？因为它"比冥王星更大"。既然体积这样大，就有可能满足"占据统治地位"这个条件。

---

① 2006 年 9 月，2003UB₃₁₃ 被正式命名为 136199 Eris。2007 年 6 月 16 日，在扬州召开的天文学名词审定委员会工作会议上，鉴于 136199Eris 的发现对太阳系组织结构的重大影响，经投票表决的形式敲定了中文采用意译，译名为"阋神星"。根据2006 年 8 月 24 日通过的行星定义，阋神星是一颗和冥王星、谷神星一样的矮行星。

然而，很多人提出了异议。他们担心，"**一旦将这颗星球认定为行星，就会产生一系列的麻烦**"。

万一人们重蹈了谷神星的覆辙，在同一条轨道上接连发现其他大小差不多的天体可怎么办？

这可不是危言耸听，其实天文学家已经发现了好几颗。虽然目前（截至二〇〇五年底）还没有发现比冥王星更大的天体，但和冥王星大小相近的还真有不少。

早在 2003UB$_{313}$ 被发现之前，人们就发现了夸欧尔、塞德娜等星体。

所以，今后在同一条轨道上发现和 2003UB$_{313}$ 大小相近，或是比它更大的星体的可能性非常高。要是现在就把它认定为行星，到时候还得大费周章降级，那它不就变成"谷神星第二"了吗？

海王星之外貌似有一片小行星聚集区，即"柯伊伯带"——这是现在的天文学常识。

所以大多数天文学家认为，2003UB$_{313}$ 不过是柯伊伯带中的小行星之一。我也有同感。

明明都有这样的常识了，为什么这几位天文学家要说它是第十大行星呢？**因为这么说够酷呀！**

我可不是在胡说八道。**实不相瞒，在现今的科学界，"制造话题"也是非常重要的。**要是能得到媒体的关注，受到社会的瞩目，人们就会认为这项研究有重要的意义，为科学家提供所需的研究经费。所以科学家和研究机构都要想方设法宣传自己的研究内容。

我认为第十大行星这个话题，就是心理因素和经济因素共同作用的结果。

冥王星名不副实？

其实，这个问题已经变得越来越复杂了，因为太阳系的第九大行星冥王星也有点奇怪。

我为什么说冥王星奇怪呢？因为水星、金星、地球、火星、木星、土星、天王星、海王星几乎都在同一个平面上运行，体积也都比较大。唯有冥王星体积特别小，而且它的轨道倾斜了整整十七度。轨道的形状也和其他行星不一样，呈狭长的椭圆形。

瞧瞧这张太阳系示意图就知道了。

这次发现的 2003UB$_{313}$ 也比其他已知的行星小得多，而且它的轨道居然倾斜了四十四度，轨道的形状也歪得厉害。

那么问题究竟出在哪儿呢？要是我们把 2003UB$_{313}$ 判定为小行星，那冥王星也得跟着降级了。

现在也有不少天文学家认为，冥王星和谷神星一样，都不过是小行星而已。

第十大行星？

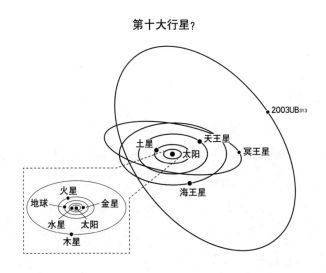

冥王星的轨道的确是歪的，体积也很小。人们还逐渐发现，冥王星周边有很多和它大小差不多的星体……这么看来，冥王星的确不符合行星的定义。

在冥王星的轨道上发现和它大小差不多或是比它更大的星体，恐怕只是个时间问题。

到时候，人们就得讨论"要不要把冥王星降级成小行星"的问题了。

然而，行星降级会引发一系列的混乱。毕竟"九大行星"

已经写进了教科书，我们对水、金、地、火、木、土、天、海、冥早已倒背如流……

是面子还是自尊？

刚才我向大家介绍了行星的定义，然而那不过是一个普通的定义，天文学上并没有明确定义过"行星"，所以才会出现难以给星体分类的诡异情况。[①]

关于冥王星的降级问题，国际天文学联合会（IAU）曾对外宣布，"我们不会给冥王星降级。"他们一是不想引发混乱，二是有碍于情面。

那 2003UB$_{313}$ 呢？既然冥王星是行星，那 2003UB$_{313}$ 也该是行星呀！

唉，简直是乱七八糟。

可要是把 2003UB$_{313}$ 判定为行星，今后发现的所有类似天体都得归为行星了。说不定天文学家能接连发现成千上万个星体。到时候，谷神星的悲剧不就要重演了吗？

---

① 2006 年 8 月 24 日，国际天文学联合会大会正式通过了"行星"的定义：一、在轨道上环绕着太阳；二、有足够的质量，能以自身的重力克服刚体力，因此能呈现流体静力平衡的形状（接近圆球体）；三、将邻近轨道上的天体清除；四、未发生核聚变。

眼下唯一的办法就是将冥王星作为一个特例，给它行星的待遇，但这样着实有些牵强。

听上去就像是生搬硬套的借口，一点都不科学。

爱因斯坦"一生中最大的错误"

看到这儿，各位读者可能会觉得："哦，原来假设这个东西会'黑化'呀。"

但假设也可以"白化"哦。

世上也有一些曾经被判定为错误，事后却突然复活的假设。其中最有名的例子就是爱因斯坦提出的"宇宙常数"。

在二十世纪二十年代，爱因斯坦曾预言真空中蕴藏着能量。这种能量遍及全宇宙，能抵抗万有引力的作用，促使整个宇宙不断膨胀。

这种能量不会随着时间的变化而变化，所以它是一个常数，因此爱因斯坦将它命名为"宇宙常数"。

在爱因斯坦之前，人们认为宇宙既不会膨胀，也不会收缩。但宇宙中要是只有万有引力，那宇宙岂不是会因为自身的重量而不断坍缩？

于是爱因斯坦就提出了一种能防止宇宙坍缩，还能完全抵消其收缩力量的作用力，并将这种力整合到爱因斯坦方程式中。

"宇宙呈静止状态"这个假设是当时的大背景。为了说明这个假设，爱因斯坦提出了"存在宇宙常数"的补充假设。

这本该是一个划时代的构想，但爱因斯坦很快就放弃了宇宙常数。

因为天文学家哈勃发表了能证明"宇宙在膨胀"的观测结果。他认为膨胀的原因，就是宇宙的起点——宇宙大爆炸（Big Bang）。

爱因斯坦想要补充的大假设（宇宙呈静止状态）被推翻了，所以爱因斯坦提出的宇宙常数自然就成了无用之物。

这就意味着宇宙常数这个假设瞬间黑化了。

爱因斯坦曾对朋友感叹过：

"宇宙常数是我一生中最大的错误。"

假设就像猫的眼睛，会滴溜溜地转动

然而到了一九九八年，爱因斯坦去世四十三年后，天文学家发现宇宙并不是在匀速膨胀，而是在加速膨胀。而宇宙大爆炸的理论不足以解释膨胀为什么会加速。

于是，人们就翻出了被爱因斯坦雪藏的构想。

二〇〇三年，更为精确的天文观测结果几乎证实了宇宙常数的存在。就是它在让宇宙加速膨胀。

爱因斯坦"一生中最大的错误"，就这么变回了白色假设。

由此可见，世上也有像猫的眼睛一样滴溜溜转个不停的假设呢。

描绘出假设的"灰度区间"

在我们这些现代人看来，本章开头介绍的额叶切除术是一种前近代的治疗方法。我们会感到莫大的惊讶：为什么这么荒谬的手术能在全世界流行那么久？但冥王星的身份问题和宇宙常数的问题，在本质上和额叶切除术的问题没什么区别。

在那个时代，额叶切除术就是最先进的治疗方法。它成了深入人心的常识。但人们一旦发现新的治疗方法，它的口碑就一落千丈，站到了常识的对立面。

额叶切除术是从白色假设一下子变成了黑色假设。

而宇宙常数是先白后黑再白。人们对它的评价翻转了三百六十度，又回到了原点。

冥王星的身份问题就更复杂了。

现在大家都认为冥王星是行星，对吧？毕竟教科书上就是这么写的，太阳系有九大行星也是不折不扣的常识。可今后

要是天文学家发现了新的大天体，那么从科学角度看，冥王星就应该被降级为小行星。

问题是，冥王星是行星已经超越了科学的领域，有了文化层面的意义。所以，就算科学家认定它不是"行星"，人们恐怕还是会将它看作"行星"。

假设的灰度区间

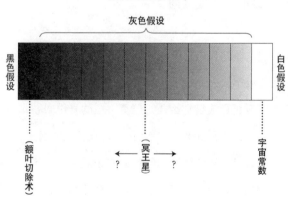

恐怕我们应该把"冥王星是行星"定位为"灰色假设"。

政治一旦牵涉利益，就会出现灰色地带。其实科学世界也有各种各样的灰色地带。

不一定只用在利益与名誉上，在那些原本就难辨黑白的流动性假设上，我们也可以用上"灰色地带"这个词。

决定假设是黑还是白的，其实是我们身边的人

同时代的大部分专家都认为这个假设是正确的，那它就是白色假设。反之，如果大多数专家认为这个假设是错误的，那它就是黑色假设。如果专家的意见不统一，那它就是灰色假设。假设的灰度也能分成很多种，有的无限接近于白，有的则无限接近于黑。

但有些专家眼中的灰色假设，因为电视等媒体的大肆宣传，在普通人眼中成了白色假设。

人类构筑的世界是建立在语言上的。从这个角度来看，我们甚至可以说所有文化都是假设。

但是假设的灰度各不相同，而且专家眼中的灰度或许也不同于外行眼中的灰度。

保健方法和育儿方法是灰色假设的重灾区

我们可以把本章的内容和日常生活联系起来。

如果你想让自己在生活中变得更明智，那就得先充分认识到，一切都只是假设。我在第一章和第二章中也反复强调了这一点。

当你生病时，医生会告诉你，"只要做这种手术就能治好。"可你没有意识到这不过是一个假设，不假思索地同意了。也许事后你才发现自己犯了一个无法挽回的错误。

意识到生活中都是假设之后，下一步就是了解"这个假设在专家眼中的灰度是多少"。**如此一来，你就不容易被毫无根据的假设蒙骗了。**

即便如此，专家公认的白色假设也可能被推翻，来个一百八十度大转弯。

我们肯定无法预测到这种情况，但可以养成从"假设"和"灰色地带"的角度审视社会现象的习惯，这样结果就会变得截然不同。

好比在二十世纪六十年代，社会上存在这样一个医学假设："比起母乳，用脱脂奶喂养婴儿效果更好。"

于是我的母亲就没有给我喂奶，我是喝脱脂奶长大的。

可是在现代的免疫学中，"不给刚出生的婴儿喂母乳容易产生诸多问题"已经是深入人心的常识了。有没有进行母乳喂养，会对婴儿的免疫系统产生巨大的影响。

"不要给孩子喂母乳"这个假设没过多久就黑化了。可是拜其所赐，很多同龄人都没有享受到母乳喂养的待遇。

在育儿领域还有好多处于灰色地带的假设，比如三岁神话（孩子三岁之前一定要由母亲自己抚养，否则孩子就会出问题），古典音乐有助于胎教等等。**照单全收的人肯定不在少数。**

所谓的专家意见也会随时代的变迁而变化。

所以我们必须牢记，看上去再白的灰色假设，也有可能突然变黑，反之亦然。

我们要大胆跳出固有观念，避免先入为主，用智慧与灵活的思路应对迅速变化的世界。

请大家开动脑筋，思考下面的假设

意识是连续不断的

人的意识会在睡着的时候中断，但在清醒的时候，是连续不断的。

这话对吗？

小提示

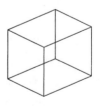

（答案见 P168）

第四章

假设与真理的纠结关系

伪科学、超自然现象或者宗教，这些和科学的区别在哪里呢？我们常常发现它们的界线并不分明。

在本章中，我们将从"可证伪性"的角度探讨科学思维的基础，并在此基础上分析白色假设与真理的关系。

科学的定义就这么简单

可证伪性的意思是可以被证明是错的。

二十世纪最具代表性的科学哲学家卡尔·波普尔在著作《科学发现的逻辑》中对"科学"做出了如下定义：

科学必须可被证伪。

"证伪"是什么意思呢？

一般人心目中的科学，应该是通过实验去"验证"理论的学问——只要做了某种实验，就能完全证明某种理论的正确性，诸如此类。

但波普尔并不这么想。

为什么呢？如果某个理论出现一个正相反的例子，那它就站不住脚了。

换言之，即便你做了一百万次实验，得到了一百万个能够支持这个理论的结果，要是第一百万零一次的结果与理论不符，并且是精密的实验数据的话，那理论就失去了它的正确性。

总而言之，我们永远无法彻底证明某个理论的正确性。

就算我们做了好几亿次实验，收获了无数符合理论的数据，也不可能排除下次实验出现反例的可能性。况且，从现实角度来讲，我们也不可能一直把实验做下去。

这就是数学与科学的本质差别。

数学是可以被证明的，因为数学是"概念"，是头脑思考的产物。一旦被证明，就尘埃落定了。

可科学并不是这样。科学研究的关键在于脑子里的假设是否符合脑子外面的世界，也就是物理世界。

所以科学理论永远都可能被更精密的实验结果证伪。

科学应该是不会找借口的……

因此，科学永远都不可能被彻底证明。**但波普尔强调的是，**

科学虽然不能被证明，但可以被证伪。

这句话是什么意思呢？

科学和其他理智或不理智的活动之间的区别是什么？分界线究竟在哪里？伪科学、宗教之类的东西，和科学到底有怎样的不同之处？

波普尔经过反复思考，提出以"可证伪性"作为区别科学和非科学的方法。他对科学作出了明确的定义——"科学具有可证伪性"。

用浅显易懂的语言解释一下：当与理论相反的实验结果与观察结果出现时，科学会痛痛快快地认错。

而伪科学与宗教之类的非科学是不能被证伪的。假设眼前发生了某种现象，就算人们说着："这现象不是不符合理论吗？"也会找借口："哎呀，不符合理论也没关系啦。"

伪科学甚至会完全无视理论与实验。宗教也绝不会承认自己的神犯了错误。

无论发生怎样的现象，就算有一场滔天洪水夺走了无数人的性命，人们也不会抱怨："我那么信奉你的宗教，可你的神并没有保护我们，世界上根本就没有神，你的宗教是一派胡言。"

哪怕出了人命，只要从另一个角度去解释这个现象，宗教仍然可以继续存在："这是神给我们的考验！"

安拉创造了基本粒子？

给大家讲讲我的亲身经历吧。在加拿大攻读硕士的时候，伊朗的领袖霍梅尼下令焚烧一本叫《撒旦诗篇》的书，还发出宗教追杀令，要取作者的性命。

此书的作者是英国籍印度人萨曼·拉什迪。他本人其实是穆斯林。追杀令发布后，拉什迪亡命英国，受到了英国警方的严密保护，毫发无伤。但是此书的日文版译者五十岚一却在任教的筑波大学被人袭击，惨遭割喉。凶手至今没有落网。

其他国家的译者也接连遭到袭击。土耳其版的译者在演讲会上遇袭，同时还有三十七人身亡。

我和我的同学们也就这起事件展开了激烈的讨论。

我和加拿大的同学们都认为暗杀作者和译者简直匪夷所思，这种行为违背了言论与出版的自由。

然而，几个来自阿尔及利亚的留学生很赞成霍梅尼的决定。

和宗教有关的问题总会引起各种争论，但是最让我吃惊的是，其中一位很优秀的阿尔及利亚留学生居然说了这样一句话："创造基本粒子的其实是安拉。"

我们都是基本粒子理论专业的学生，可是现在想来，**这位留学生在研究的并不是科学，因为他的言论无法被证伪。**

他以为自己在做科学研究，可是安拉创造了基本粒子这一主张并不属于科学范畴，而属于宗教范畴。（大家请不要误会，我本人就是天主教徒，对宗教并没有偏见，只是想和大家讨论科学与非科学的界限而已。）

不了解科学基础的科学家

波普尔是个深受科学家喜爱的科学哲学家。可是在一般情况下，科学家是很讨厌科学哲学家的。

这也难怪，因为科学哲学家研究的是科学这个东西，科学家自然也是他们研究的对象。科学家总觉得科学哲学家在监视他们，还对他们评头论足，心里当然不舒服。

所以，科学哲学家往往会受到科学家的厌恶。但波普尔是个例外，很受科学家的欢迎。

因为他提出了可证伪性这个概念，明确定义了"科学和其他东西不一样"。

换言之，他给了科学家一个权威认证——科学是一种特别的学问。

难怪科学家们会这么喜欢他。

然而，现在还有不少科学家不知道可证伪性这个概念。因为现在的大学很少开设研究科学与科学家的科学哲学课与科学社会学课。

虽说是科学家，但其行为模式未必科学。

为了争取研究经费，他们也会做出不科学的举动，甚至动用各种政治手段拉拢赞助人。

为了把自己的学生安排到某所大学工作，科学家们要动用各种人际关系，一不小心还会发展成派系斗争。这根本就不是科学范畴内的话题了。

科学哲学与科学社会学连科学家的行为模式都不放过，科学家们当然对此深恶痛绝。

所以科学家不会主动把这些东西教给学生。**这就导致了很多大学甚至没有科学史这门课。**

我觉得这个倾向很成问题，因为这会导致学生对科学的历史和科学的思维方式一无所知。

科学原本是哲学

被忽视的不仅仅是可证伪性。迪昂提出的"唯有理论才能推翻理论"等思路，**即科学思维的基础**，也没有得到充分的重视。

科学被不断地特殊化，细分为各种专业领域，可它的基础却摇摇欲坠。

初中生和高中生都有必要学习这些科学的基础知识。

其实"科学"这个词是明治时期的思想家、哲学家西周从外语翻译过来的。使用这两个汉字，是因为科学是一种"分为很多科目的学问"。换言之，科学是一种不断细分化、专业化的学问。

在西方，科学的前身就是哲学。

牛顿以自然哲学家自居，他甚至在著作里写过这样一笔。

后来，随着工业革命的发展，科学被细分为物理学、化学、地质学等专业。

即便是今天，如果你在西方国家拿到科学领域的博士学位，你得到的称号依然是"哲学博士"。我们能通过这一点看出，科学曾是哲学的一部分。

然而在日本，科学的哲学元素完全被抽空了。它是以"科学"的身份被引进日本的，只剩下"细分"过的状态，**所以日本的科学缺少了在西方代代相承的历史与精神。**

换言之，日本并没有完整地继承科学的传统。

何为理科素养？

大家不妨想一想，为什么学校要开设历史课呢？

因为历史就是各种"假设的变迁"。追溯这些变迁，能让我们了解到许多事情，比如人们为什么会陷入战乱，为什么某些特定的时期会涌现出众多伟大的艺术家。

在这一百多年的时间里，日本与世界经历了许许多多大事件。"黑船来袭""日英同盟""鬼畜美英""二战""原子弹""联合国"……通过学习这些历史事件，我们能够深刻了解支配着当时的政治家、军人和普通人头脑的"假设"。

此时此刻，我们面前也摆着世界级的难题。有了过去的经验，我们就更容易推测出妥当的对策了。

在科学领域也是如此。

然而，大多数生活在现在的日本人都对科学史一无所知。

这正是因为日本没有经历过"作为哲学的科学"的摇篮期，就直接从西方引进了已经完成细分的"成熟科学"。

为了将"科学"这项重要的人类文化活动真正变成自己的东西，我认为应该大力推进科学史与科学哲学的教育。

理科生尤其需要掌握这些背景知识。

可是在现今的日本理科教育系统中，科学史与科学哲学被完全忽略了。这着实叫人遗憾。

五夸克粒子之争

还是言归正传吧。

一场还在进行的争论就体现出了科学的可证伪性。这场争论的焦点是"五夸克粒子"。

所谓五夸克粒子，是大阪大学的研究团队在二〇〇三年发现的基本粒子（的一种状态）。而基本粒子是构成物质的最小单位。

先给大家讲解一下专业术语吧。

五夸克粒子（pentaquark）中的"penta"即宾得（PENTAX[①]）和五角大楼（The Pentagon）中的"penta"，说白了就是"五"的意思。没错，"penta"就是"五角形"里的"五"。

再看"夸克"。

默里·盖尔曼是一九六九年的诺贝尔物理学奖得主。夸克一词取自詹姆斯·乔伊斯晦涩的小说《芬尼根的守灵夜》[②]。

"夸克"其实是鸟的叫声，"quark，quark，quark"，这种鸟每次都叫三声。我也有这本小说，但它实在是太难懂了，所以

①日本著名相机品牌，前五个字母取自光学原件五棱镜的英文单词pentaprism。
②小说中有这样一句台词："向麦克老人三呼夸克。"（Three quarks for Muster Mark.）

我只看过关于夸克的这一段。（笑）

"三"这个数字对基本粒子夸克至关重要，所以盖尔曼才会从小说中摘取"夸克"这个词。盖尔曼是个十分有趣的人，他非常喜欢语言和文学，也很聪慧。

那么，为什么"三"对夸克很重要？解释这个问题，我们需要先理解基本粒子的基础知识。

那就让我们先看看什么是基本粒子。

物质能分解到什么程度？

首先，我们可以把肉眼可见的物质细分成分子。分子进一步分解就成了原子。原子由原子核和绕着原子核运行的电子组成。

原子核和电子就像是一个小太阳系。地球围着太阳转，电子围着原子核转。

正中央的原子核还可以进一步分解为中子与质子等粒子。

而中子与质子也可以进一步分解——它们都是由三个夸克组成的（夸克总算出场了）。

所以"三"是一个很重要的数字。

除了中子与质子，还有汤川秀树发现的介子。（大家是不是

物质的结构

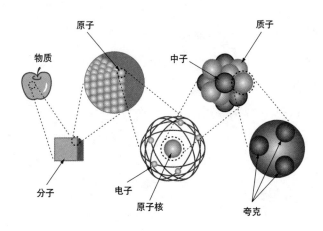

越看越晕了？）

介子由两个夸克组成。

目前人们认为夸克是不能分解的，所以它才是基本粒子（但是"超弦理论"认为夸克可以进一步分解，见第116页）。

给大家稍微总结一下吧。

夸克是物质的最小单位，是一种基本粒子。人们原本只发现了由三个夸克组成的中子与质子，以及由两个夸克组成的介子。

但是在二〇〇三年，中野贵志教授率领的大阪大学研究团队用大型同步辐射设施 SPring-8 发现了五个夸克组合在一起的状态。

由于是"五个夸克组成的"，所以称为五夸克粒子。（专业术语总算解释完了……）

一九九七年，俄罗斯圣彼得堡科学院核物理学院的马克沁·波利亚科夫、帝雅克诺夫、维克托·佩特罗夫等物理学家发表了关于五夸克粒子的假设。他们认为，世界上存在由五个夸克组成的粒子。

直到二〇〇三年，大阪大学的研究团队才通过实验发现了五夸克粒子。

突如其来的找茬者

中野教授发现五夸克粒子之后，美国托马斯·杰斐逊国家加速器实验室的肯尼斯·希克斯等人也通过实验证实了五夸克粒子的存在。

不同的研究所确认了同样的现象。铁证如山啊！

谁知在二〇〇四年四月，杰斐逊实验室的另一支研究团队声称："我们也做了同样的实验，却没有发现五夸克粒子！"此举立刻引发了骚动。言外之意是"**世上根本就没有五夸克粒子**"。

那个时候，中野教授已经拿到了日本最具权威的物理学奖项"仁科奖"。这当然是为了表彰他发现五夸克粒子的功绩。

好在除了杰斐逊实验室，世界各地的研究人员都相继进行了实验，并发表了同样的报告。所以中野教授能拿到这项大奖也是理所当然。

谁知在这个节骨眼上，突然有人跳出来挑毛病了。

再伟大的发现，也无法摆脱被证伪的宿命

最初，"世上有五夸克粒子"本是一个灰色假设。中野教授通过实验证实了这个假设，世界各地的实验结果也与这一假设相符。换言之，在众多专家心中，五夸克粒子的假设已经被认定为白色假设了，所以中野教授才能拿到仁科奖。

谁能想到还不到一年，就有人唱起了反调，说"也许并没有什么五夸克粒子"。这下可好，假设又被打回了灰色地带。

如果是提出异议的人错了，结果仍然是"五夸克粒子的确存在"，那便是有惊无险。

可如果更精密的实验结果显示"五夸克粒子并不存在"，那**假设就会瞬间黑化，来个惊天大逆转。**

从某种角度来看，五夸克粒子之争就是"可证伪性"的绝佳案例。

就在全世界的物理学家都以为"假设"已经得到了"验证"的时候，"证伪"的人就出现了。

人们可以用更精密的实验来证伪，所以关于五夸克粒子的研究是正儿八经的科学。

只是难为了身处争论旋涡中心的科学家们。

好容易取得了巨大的发现，得到了世人的认可，还拿到了仁科奖，眼看就快拿到诺贝尔奖了，假设又被一下子打回了灰色地带……这样的大起大落，谁受得了啊。

最先发现粒子的中野教授必须用更精确的实验方法，重新验证粒子的存在。

我有个外号"利Q师傅"的朋友。他的本职工作是花道老师。

他和中野教授的关系特别好。所以我常听他提起中野教授，说教授是个很厉害的人。一起喝酒聊天的时候，他还感叹过："中野能拿到仁科奖真是太好啦。"他也没想到这么快就有人做了证伪实验。

我觉得，这场争论应该会在二〇〇六年之后画上句号。[1]

谁也无法预料哪一方能笑到最后。就算有人取得了暂时性

---

[1] 2015年7月14日，欧洲核子研究中心宣布通过大型强子对撞机底夸克实验(LHCb)发现了五夸克粒子。

的胜利，对手也随时有可能翻盘。

科学具有可证伪性，所以这就是科学的宿命。

科学和神话差不多？

天才物理学家理查德·费曼在日本也很受欢迎。他曾说过这样一句话：

"科学皆为近似。"

这里的"近似"是什么意思呢？意思是就算科学再怎么进步，人们也不能作出完美的预言，更不可能找到永恒的真理，即便有精密科学之称的物理学与化学也不例外。

换言之，即便是无限接近于白色的假设，也不可能转化为真理。

也许有读者认为，真理就在科学的延长线上。然而，事情并没有这么简单。

科学与真理只能靠近，却永远都不能重合，这是多么纠结的关系啊！

这不仅是因为科学有可证伪性。科学哲学家费耶阿本德如此断言：

"科学近似于神话。"

科学再严谨，也是人类文化活动的一个环节。既然它是文化，那么它的评价就会随时间与地点的变化而变化。

忠臣藏很过分

说两句题外话吧。我和祖父一起看古装历史剧的时候，他总会讲各种小知识给我听。

祖父是一位没什么名气的小说家。他上庆应大学时念的是江户文学专业，写的毕业论文也和"忠臣藏"有关。

祖父教会了我很多。

"小薰啊，历史上的大石内藏助才没有在吉良府门口敲太鼓呢。"

"为什么呀？"

"这一段是歌舞伎编出来的。你想啊，大石内藏助是要去偷袭人家，他怎么可能特地打鼓通知敌人呢？"

"哦……"

"瞧瞧这电视剧拍的……当时的武家大宅门口怎么会挂名牌呀！"

"为什么不挂呀？"

"你想啊，现在的皇宫门口不是也没有牌子吗？达官贵人家都是不挂名牌的，因为大家都知道那里住的是什么人呀。只有小老百姓的房子才需要名牌。"

"哦……"

电视屏幕中的世界到处充满黑色假设，简直漏洞百出。

可是大多数观众并不会去查阅江户时代的文献。他们认定自己亲眼所见的光景就是当年发生过的历史。电视就是通过这种方法，将乱七八糟的假设植入数百万观众的头脑中。

既然历史也是文化的一种，那它就不可能作为"赤裸裸的现实"呈现在我们面前。

即便是第一手史料，也没人能保证当初记下史料的人没篡改过历史，不是吗？

也就是说，历史也不过是假设的集合体，而不是真相。

这么一分析，我们就会意识到，我们所了解的科学，也不过是"科学史"而已。

此时此刻发生的所有事终将变成历史。同理，现在正在进行的科学研究也会转变成科学史。

从这个角度来看，科学不过是最新假设的集合体罢了。

毕竟，科学也是文化的一种，所以它永远都不可能转化为真理。

健脑假设 ④

请大家开动脑筋，思考下面的假设

负离子有益健康

大家都说负离子有益健康，所以市面上出现了负离子吹风机、负离子空气净化器之类的负离子电器。

可是，负离子为什么有益健康呢？

负离子究竟是什么东西？

（答案见 P169）

第五章

"大假设"的世界可能存在

某些假设与现在的常识明显不符。我们可以把它们称为"大假设"。

但我们不能不由分说地否定这些黑色假设。也许在不久的未来，我们熟悉的常识会被一个惊天大发现彻底颠覆。到了这个时候，"大假设"就会变成白色假设。

这不，走在时代最前沿的科学家都在挑战"大假设"。

"智慧设计者"大假设

"Intelligent Design Theory"是一个在美国引起广泛争论的科学假设，直译过来就是"智慧设计论"。我们先来看看这个假设的内容吧。

这个假设与人类的起源有关。

在很久很久以前，人们坚信人类的起源就像《圣经》上说的那样，是上帝在六千年前创造了人类。这就是所谓的"神创论"。

而查尔斯·达尔文提出了"进化论"。他认为，人类起源于简单的原始生物，经过整整四十亿年，才一点点进化成今天的模样。

一言以蔽之，智慧设计论就是针对达尔文的进化论提出的对立假设。

这个假设由加利福尼亚大学圣地亚哥分校的研究人员在一九九九年提出——**宇宙的某处有一位智慧设计者，就是他设计了 DNA，创造出了地球生物。**

所以，我们也可以把智慧设计论看成神创论的变种。

但是，这里提到的智慧设计者并不是《圣经》中所描述的上帝。

这个假设在美国引起了轩然大波。人们讨论的焦点是，应不应该把这个假设教给高中生和大学生？

我们应该告诉学生"进化论是经过了验证的正确假设"，还是"进化论只是众多假设中的一种，智慧设计论就是一个和它对立的假设"？

日本的舆论界还没开始讨论这个问题。

美国前总统小布什曾在公开场合发表意见，认为后一种教法更好。此言一出，立刻引起了轩然大波。

只有百分之三十七的人相信进化论

二〇〇五年四月二十八日的《自然》杂志刊登了针对进化论的问卷调查结果。调查对象是十三岁到十七岁的美国青少年。

结果显示，只有百分之三十七的青少年认为，达尔文的进化论有证据的支持，也得到了充分的验证，是正确的科学理论。

百分之三十的青少年认为，进化论不过是众多假设中的一个。虽然它得到了一定的验证，但它的正确性还算不上板上钉钉。

剩下的百分之三十三则回答，"不知道。"

由此可见，进化论在美国青少年心目中的地位并不稳固。完全相信进化论的青少年只占百分之三十七。

当然，对生物学界的人来说，这是一个非常危险的倾向。毕竟，"人类出自智慧设计者之手"是一种与进化论对立的危险思想。

可耐人寻味的是，宗教界比如天主教会并不是特别欢迎智慧设计论。照理说智慧设计论和神创论那么像，宗教人士应该会很喜欢这种说法才对呀。

为什么呢？原因很简单，宗教人士认为，神的意图不会以证据的形式简单易懂地呈现在人们面前。

神是高高在上的，无论在哪个方面，人类都望尘莫及，所以渺小的人类不可能完全理解神的意图。智慧设计者设计了什么，又是如何设计的，自然也是一个永远都解不开的谜。如果神的意图能被人轻易读懂，那还算哪门子的神啊？

这就是宗教人士的思路。

最有趣的是，天主教会也没有否定达尔文的进化论。曾经判处伽利略有罪的天主教会，居然从一开始就没有针对达尔文的进化论发布禁令。

当然，教会也围绕着进化论进行了种种探讨。

罗马教皇约翰·保罗二世曾在一九九六年十月二十三日发表言论称，除了关于"灵魂"的部分，教会对进化论持肯定态度。

灵魂是教会的底线。要是承认人没有灵魂，那上帝岂不是没有出场机会了？但教会认可进化论是科学理论并不存在任何问题。

因为进化论完全没有涉及生物的起源。它只是解释了生物是如何从原始生物逐渐进化而来的，所以在进化论中，上帝还是有机会出场的。难怪教会能接受进化论。

当然，我们也可以将这种认可看作天主教会的谨慎。毕竟他们也不想重蹈伽利略一案的覆辙，插嘴科学方面的争论。

教一下就被处分

关于智慧设计论的争论到底是从哪里开始的呢？引爆点位于弗吉尼亚州费尔法克斯县。乔治梅森大学教授卡罗琳·克洛克因为在生物学的课堂上提到了智慧设计论，受到了校方的处分。

克洛克教授并没有对学生说"智慧设计论是正确的"，她不过是在讲解进化论的时候顺便提了一句，"学界还有这样一种说法。"

就是这么轻描淡写的一提，院长就对她进行了停课处分，令其闭门反省。

这起事件不断发酵，引发了一场关于要不要在高中与大学教授智慧设计论的激烈争论。

我个人一贯认为，我们不应该对智慧设计论这样的大假设嗤之以鼻。

我在本章的开头说过，智慧设计论是进化论的对立假设，但这个说法并不严密。

进化论讨论的是生物进化的过程，但它并没有提及生物的起源。而智慧设计论探讨的就是生物的起源。

换言之，两种假设所关注的领域有一些微妙的不同。但是很多人把它们放在了同一个框架里。

当然，我完全没有要否定进化论的意思。我也觉得人类就是从原始生物进化而来的。

但是在现今的科学界，生命的起源仍是未解之谜。

我们手中只有一个很简单的假设：最原始的氨基酸"溶液"因为某种机制变成了最原始的生命体。

著名的米勒模拟实验模拟了原始的地球大气。用电流刺激无机液体之后，液体中就出现了氨基酸。

但我们对之后的步骤一无所知。就算有氨基酸，我们也无法人工打造出 DNA，更不用说打造出生命体了。

我们对生命起源的了解真是太少太少了。

全教不就好了吗

既然如此，那么"某种智慧生命体播下了生命的种子"也算一个处于灰色地带的假设。

我认为，学校应该把这样的假设教给学生。

但是在探讨和生命起源有关的问题时，老师应该明确区分已知的和未知的，告诉学生学界存在各种各样的假设。

而且我们还需要把专家对假设的看法，也就是"假设的灰度"一并告诉学生。

这样的教学态度是非常重要的。

在此基础上，老师再告诉学生，生命起源之后的发展，目前只能用进化论来解释。这恐怕才是最好的教学方法。

在实验室创造宇宙？！

生命的起源是个未解之谜。关于宇宙的起源，也有不少有趣的论文。

题为《在实验室创造宇宙的可能性》《从零开始创造宇宙》的论文，就被正式刊登在专业期刊上。

这可都是一流物理学家的"假设"。

在宇宙起源方面，比较有意思的是这样一个假设——身在地球的物理学家可以用某种方法在实验室里创造宇宙。

换言之，如果实验成功了，那么这位物理学家自己就成了智慧设计者。

从这个角度来看，智慧设计论这个大假设的确有可能站得住脚。不分青红皂白地否定这样的假设，绝不是对待科学的正确态度。

当然，"宇宙是自然诞生的"这样的假设也有可能成立。

大爆炸并不是宇宙的起源

很多人都认为，宇宙大爆炸就是宇宙的起源。然而在现在的物理学中，宇宙还存在大爆炸之前的状态已经成了比较主流的观点。

大爆炸之前是什么状态呢？

这就涉及到"量子宇宙"的问题了。只是量子宇宙是个非常难懂的问题，所以我就不作详细介绍了。

我想先帮大家解开关于宇宙大爆炸的误解。

从某种角度来看，大爆炸假设和达尔文的进化论非常相近。

因为这套假设完全没有提及宇宙的起源，却完美解释了宇宙起源之后的发展。

不久之前，"宇宙起源于一场大爆炸"的说法还随处可见。

然而，大爆炸假设对于宇宙起源的说明实在是太幼稚，也太拙劣了。

随着物理理论的发展，人们提出了另一种假设：先有量子宇宙，然后才有大爆炸，宇宙不断膨胀，就成了今天的模样。这个说法更有说服力，所以现在占了上风。

大家千万不要误会，我一贯认为，关于生命起源的所有假设都是灰色的，不足为信。关于宇宙起源的假设也是如此。

进一步说，意识的起源目前也没有得到充分的说明和解释。**和各种起源有关的问题都还处于完完全全的灰色地带。**

"超弦理论"大假设

目前，"超弦理论"是站在物理学最前沿的假设。它和宇宙起源也有一定的关系。

超弦理论假设的内容是，**"所有物质都是由被称作'超弦'的极小存在组成的"。**

我在第四章中提到，物质可以分解成小太阳系那样的原子，而原子又可以分成电子、夸克等粒子。在超弦理论中，将电子和夸克进一步分解，就会有超弦出现。

然而，眼下还没有一个人亲眼见过超弦。也没有一项实验结果与天文观测结果能为超弦理论提供支持。

可是全世界的大学与研究所的精英们，都在埋头研究超弦理论。

这究竟是为什么呢？

就数学而言，重要的是对概念的表述。因此数学家并不在乎事实是否真实存在，而会提出各种各样的假设，并研究假设的结论。

从假设出发，一步步推导，得出结论——这就是数学的研究方法。

数学的出发点即假设被称为"公理"。从公理出发，通过演绎推导出的结论，就是"定理"。

想必大家都听说过"毕达哥拉斯定理""费马定理"这样的名词（毕达哥拉斯定理又称勾股定理，大家应该都学过）。

但超弦理论并不是数学，而是物理学的研究课题，所以"它是否存在"就成了一个很大的问题。

超弦理论到底是白色假设还是黑色假设呢？

太玄了，难辨黑白！

研究超弦理论的物理学家显然都认为它是白色假设，否则他们就没有办法埋头进行这方面的物理学研究了。

然而其他领域的学者，以及和物理学及超弦理论都不沾边的人们，还不清楚自己应该对超弦理论采取怎样的态度。

有这么多超一流的精英在研究超弦理论，那就能在某种程度上说明这是一个白色假设。可是超弦理论已经问世了足足几十年，却还是没有任何实验数据或观察结果能够证明超弦的确存在……

也就是说，要不是有这么多头脑特别聪明的人在研究，超弦理论一定会立刻被归为黑色假设，被学界打入冷宫。

超弦假设到底能不能被证伪呢？

我不得不说，这个问题的答案也很微妙。

因为人们从超弦理论出发，作出了无数的预测，但（截至二〇〇五年年底）这些预测都处于无法被验证，也无法被证伪的状态。

超弦理论是一种诠释宇宙森罗万象的终极理论。

这是一个如假包换的大假设，直逼人类想象力的极限，所以谁都难以判定它的黑白。

生命、宇宙与意识的起源都是终极的大假设。如此想来，其实我们都无法分辨这些假设是黑是白。

总而言之，我们对这些大假设还一无所知。即便如此，大假设的世界还是有可能存在的。

不懂装懂最危险

分析过这些大假设之后，读者们肯定会产生一个疑问：我们应该如何把这些知识教给普通人和孩子呢？

在我看来，最糟糕的教法就是不懂装懂。

还没搞清楚的事情，就应该老老实实告诉对方，这件事现在还没搞清楚。模棱两可的态度最害人。

只要明确哪些事情还没有被分析清楚，也许有朝一日，横空出世的天才就会把以往的常识彻底推翻。

可要是把没有百分百搞懂的东西说成已经完全搞懂了的东西，用填鸭的方法塞进大家的脑子里，大家就会先入为主，也就不容易对此抱持怀疑的态度。

冥王星的身份问题就是一个很好的例子。

既然冥王星不是行星的可能性已经出现了，那我们就应该老老实实把这件事告诉大家。生命起源与宇宙起源的问题也是如此。飞机的飞行原理也不例外。

我也知道，要在短时间内把知识传授给很多人，就不得不效仿教科书，让事情尽可能简化，可是站在讲台上的老师必须充分认识到照本宣科的危险性。

传道授业者应该在这方面狠狠地进行一番心理斗争。

总而言之，要是所有人都接受了同一种假设，那么假设被推翻的可能性就小了。

克洛克教授不过就是在课上稍微提了一句，却遭到了严厉的处分，这未免也太荒唐了吧。

没有比起源更复杂的问题了

在世上的所有问题中，没有比起源更复杂的问题了。

宇宙的起源，生命的起源，意识的起源……

伽利略提出的日心说在许多年后才得到人们的认可。同理，上面介绍的大假设恐怕也需要漫长的岁月才能尘埃落定。（而且尘埃落定之后，也有可能翻盘……）

在面对这些大假设的时候，我们应该坦率地承认，"我什么都不懂。"至于这个假设是朝白色靠拢，还是向黑色接近，我们只能依据自己的双眼去辨别。

请大家开动脑筋，思考下面的假设

世界是数秒前诞生的

其实这个世界诞生于短短的数秒之前。

但是你被植入了精巧的虚假记忆，所以你以为自己已经活了很久，还以为地球已经几十亿岁了。

你有办法否定这个假设吗?

（答案见 P170）

第六章

撇开假设进行思考

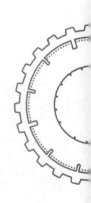

在本章中，我想和大家探讨一下"用科学的态度看待世界"的方法。

科学地看世界，不一定需要实验与观察，只要"从相对角度看问题"就行了。

相对——大家对这个词也算是耳熟能详。其实本章的内容依然和假设密不可分。

那就让我们从哲学领域出发。

那家伙就是这样的！

"角色理论"是哲学领域里的一个著名理论。其实，这套理论和爱因斯坦的相对论有着密切的联系。

我来解释一下这是一种怎样的思考方式。

假设你有一个很要好的朋友。你肯定会下意识地认定，他的人格就是怎样怎样的。

然而，这不过是一个假设。

杰基尔博士和海德先生①就是最典型的例子。

杰基尔博士有双重人格，一吃药就会性格大变。吃药前，他是个十足的好人，可是一吃药，他就会化身为杀人狂魔海德先生。

把多重人格用在电视剧与小说里总能让人大吃一惊。**然而在角色理论中，多重人格是一种理所当然的思考方式。**

我们无法用单一人格诠释一个人。这就是角色理论的中心思想。

可我们都以为一个人就只有一种人格，所以才在心里认定，某某就是这样一个人。

人人都有多重人格

罪犯一旦落网，电视台就会去采访认识他的人。被采访的人一定会说"他看上去不像坏人啊"，或是"他经常跟我打招呼，是个老实的好人呀"。罪犯的父母则会感叹，"我做梦也没想到我的孩子会做出这种事来……"这样的光景在电视上真是再常见不过。

---

①出自英国著名作家史蒂文森的哥特风格科幻小说《化身博士》。

这正说明了我们会下意识地认定"一个人只可能有一种人格"。这就是先入为主的思维定式。

可这种想法根本不正确。实际上，每个人都有多种人格，扮演着不同的"角色"。

看到"扮演"二字，大家可能会觉得不太舒服。但我们每个人其实都在日常生活中自然而然地扮演着不同的人格。

比如，你去公司上班的时候，会有"××组长""××负责人"这样的头衔。公司还会为你印制名片。你有专用的桌椅，以及公司期待你扮演的角色。

你在社会上的人格和你的头衔与职责挂钩。所以，再自由奔放的人也不可能突然在公司脱光衣服跳舞。

但当你回家时，孩子就会扑向你喊道："爸爸，你回来啦！"

从这一刻开始，你就要扮演父亲的角色了。这个人格和你在公司表现出的人格是两码事。

其实在我们的日常生活中，切换人格的场景多得数都数不过来。可是大家都没有自己在切换人格的意识，对不对？每个人都是自然而然地、下意识地进行着人格的切换。

"好嘞，从这一刻开始，我要扮演爸爸的角色。"谁会在敲开自家大门时这么想啊。

"鬼迷心窍"的说法并不准确

罪犯被捕后常会这么说："我是一时鬼迷心窍……"可是仔细想来，人之所以会犯罪，并不是鬼迷心窍，而是因为这个人心里本来就有罪恶的一面。

换言之，罪犯的内心本来就是既有善良的一面，又有罪恶的一面，因为人们本来就需要扮演各种各样的角色。

所以，在电视上摆出一副正人君子嘴脸的人，也有可能因为犯下无耻的罪行锒铛入狱。**我们根本没必要为这种事惊讶。**

这只能说明，这个人原本就有这样的人格。

也就是说，角色理论会用复合（相对）的视角看人：这个人在这种场合会做这种事，在那种场合会做那种事，没准在另一种场合又会做另一种事。

大道理人人都懂，可我们很难用这种视角去看待他人。

"不知道这个人在想什么"——这种状态会让我们浑身难受。而在心里认定"这个人就是这样的"，把人们定义为单一人格，会让我们更舒服、更安心一点。

如果我们需要在每一个场合思考此时对方是怎样的人格，社会生活会变得多么纷繁复杂啊。

所以我们只能构筑假设，认定"这个人平时不会做坏事"，在这个假设的基础上和别人打交道。

两边的表都变慢了？

我为什么要搬出"角色理论"这样的哲学话题呢？因为我们一旦将角色理论引入科学界，它就和爱因斯坦的相对论密切联系起来了。

角色理论和相对论建立在同样的基本思路上——对象在你眼中的模样，会随着场景的变化而变化。

其实这才是相对论最难理解的部分。

在相对论中，"时钟变慢"是一个很有趣的问题。这个问题就和场景的变化有关。

假设太郎和次郎分别坐在两架火箭上，在宇宙空间中擦肩而过。

如果他们在擦肩而过的瞬间，分别用望远镜观察对方的手表，太郎会发现次郎的表比自己的走得慢，而次郎也会发现太郎的表比自己的走得慢。

我们不能用单一人格诠释一个人。同理，我们也不能用单一的假设去解释一个现象，否则一定会产生矛盾。

照理说，次郎的表比太郎的慢，那就意味着太郎的表比次郎的快呀。

然而，这种想法其实建立在"单一假设能解释所有现象"这条"潜规则"上。

在相对论中，就没有这个大前提。

你也对、我也对的世界

如果你习惯了"世界上只有一种时间的流动方式"这个假设，那么这里就会存在矛盾。

可你要是接受了"世界上可以有好几种时间的流动方式"这个假设，那么"在太郎的时间中，次郎的表变慢了""在次郎的时间里，太郎的表变慢了"这两个现象就可以同时成立了，因为太郎和次郎使用的是不同的时间。

如果将这里的时间替换成"心理时间"，就不存在问题了。

太郎对时间的感觉肯定和次郎的不一样。心理时间因人而异，简直再正常不过。认定全人类对时间的感觉都是一样的才不合理呢。

相对论关注的是物理学层面的时间。爱因斯坦认为，"物理学时间跟心理学时间一样，不止一种。"

在太郎和次郎的例子中，就存在两个假设。

太郎眼中的世界，都被染上了"太郎假设"的色彩。而次郎眼中的世界，都有"次郎假设"的颜色。两个假设不可能统一成一个，**所以我们称之为"相对性"**。

太郎假设（太郎时间）与次郎假设（次郎时间）都对，没有优劣之别和正确与否之分。

这就是所谓的"复数主义"，即不存在能够统一整体的绝对和唯一的假设。不同的假设永远处于共存状态。

双方都对，没有对错之分——这就是相对论的基本思路。没有绝对标准，只有视情况而定的相对标准。

从这个角度看，相对论和角色理论的确有异曲同工之妙。

学会看开，才能理解相对论

但相对论的棘手之处在于，我们虽然能用头脑理解一个大概，却很难有切身实感。

角色理论也是如此。

一个人有多重人格这个大道理，谁都能理解，但我们很难从这样的角度看待他人。

同理，我们的头脑能够理解多个假设共存的状态，却很难实际体会到这是一种什么样的感觉。

太郎和次郎的例子听上去也很玄乎吧？大家是不是觉得很

难接受?

难以接受,是因为大多数人会想方设法锁定其中一个假设。如果要认定太郎假设是对的,那么他们就希望把次郎假设判定为错的。

然而,要是我们都用这种思路思考问题,那就退回到了艾萨克·牛顿(1643-1727)的世界。

在牛顿的世界中,牛顿的假设就是全宇宙独一无二的绝对假设。而且人们认定,这个假设绝对正确。

这么想的确舒服多了。清清楚楚,干干脆脆。

可是爱因斯坦在一九〇五年发表了相对论,彻底粉碎了牛顿的世界。

二〇〇五年恰好是相对论问世一百周年,但今时今日,能真正理解相对论的普通人又有多少呢? 常有读者跟我说,"我还是不太懂相对论到底是怎么回事。"

看来大家还是不太明白"好几个假设平起平坐,和平共存"是什么意思。

实不相瞒,我也觉得相对论听上去挺别扭的。

但你一旦习惯了这种别扭,就会发现相对论还挺合理的。从这个角度来看,要理解相对论,就得先学会看开。

太郎眼中的世界是这样的,次郎眼中的世界是那样的,另一个人看到的世界又是另一番模样。只要能看开这一点,就能理解相对论了。

想得太多，反而会被绊住手脚。

好心推荐了拉面馆，谁知……

再给大家举一个更好懂的例子吧。

在相对论中，最重要的莫过于设定视角。

太郎眼中的世界是这样的。次郎眼中的世界是那样的。我们必须先锁定太郎和次郎的视角，这一点尤其重要。

所以从严格意义上来讲，"太郎的表走得慢"这样的表述是说不通的，因为它欠缺了"在某某看来，太郎的表慢了"的视角部分的描述。

"在次郎看来，太郎的表走得慢"——我们必须先把观测视角补上。

相对论的世界关注的不过就是"在某人看来是什么样的"。我们绝不可能分别讨论观测者与被观测的表。

相对论和角色理论一样，都依赖于场景。物理层面的观测事实也依赖于"谁如何观测"这一场景。

你可以既是父亲，又是科长。其中不存在任何矛盾。太郎的表走得慢和次郎的表走得慢也同样不存在任何矛盾，因为两者建立在不同的场景上。

我再举一个更好懂的例子吧。

假设太郎和次郎去了同一家拉面馆。太郎说，这家店的拉面真好吃。可是次郎却说，这拉面怎么这么难吃啊。

他们的意见一点都不矛盾，对不对？

好心带朋友去自己喜欢的面馆，可朋友却说"这家店一般般啊"。这不是常有的事儿吗？ 为这种事烦恼生气又有什么用？遇到这种情况，我们都会劝自己想开些："嗨，萝卜青菜各有所爱嘛。"

其实相对论也是如此。"表看起来变慢了"跟面的口味是一个层面的问题。

世界上没有一样绝对好吃的东西。吃的人不同，对食物口味的感受也会有所不同。同理，世界上也没有绝对正确的时间。每个人眼中的时间都各不相同。

有多少人，就有多少种口味。有多少人，就有多少种时间。 时间和口味一样，都很主观，都会随着观测者的变化而变化。

这么一说，大家是不是就有点感觉了？

把多余的常识统统扔掉

爱因斯坦在一九〇五年发表了相对论。而相对论的关键，就是对几个假设作出了更改。

"速度＝距离÷时间"——想必大家都知道这个公式吧？

在这个公式中，我们可以假设"全宇宙只有一种衡量距离和时间的标尺"，也可以假设"宇宙中存在若干种标尺"。

前者就是牛顿的绝对空间和绝对时间假设，而后者就是爱因斯坦的相对空间和相对时间假设。

其实绝对空间和绝对时间假设建立在另一个假设的基础上。这个假设就是所谓的"以太假设"（但是，牛顿本人坚称"我不会提出假设"，始终逃避这个问题）。

我在第二章中已经介绍过以太了。当时的人们认为，以太是一种充满宇宙空间的肉眼看不到的物质。而相对于以太静止不动的就是绝对空间。

比如，地球会自转。要是以宇宙空间中的以太为参照物，那么地球表面就处于运动状态，因此地球表面刮着和自转方向相反的"以太风"。

既然是这样，那么只要我们精准测定出物体的速度，就能检测出以太风的影响了。换言之，物体顺风运动的速度应该不同于逆风运动的速度才对。

许多人投入到了测定以太风的大业之中，可谁都没能取得成功。

于是爱因斯坦发表了一项令人震惊的假设——"以太并不

存在"。前面说过，人们本以为以太是传导光（电波）的介质，**所以舍弃以太这个概念，需要莫大的勇气。**

一旦舍弃以太假设，与以太保持相对静止的绝对空间的概念自然也就没有了用处。

换言之，抛弃以太假设，相对空间和相对时间才成为可能。

光速永远是九十万马赫

爱因斯坦抛弃了以太，引进了另一个假设——"光速不变"。无论你是顺着光跑，还是逆着光跑，光速都是固定不变的。

请大家回忆上一节提到的公式："速度 = 距离 ÷ 时间"。

替换成光，就是"光速 = 距离 ÷ 时间"（光速是音速的九十万倍，也就是九十万马赫）。

假设太郎和次郎在反方向运动，他们之间存在一个相对速度。两人看到了同一道光，观测了光的速度。

按爱因斯坦之前的理论，由于太郎和次郎之间存在相对速度，两人测出的光速应该是不同的（顺着光移动，光速的数值就会变小；反之，光速的数值会变大）。

然而，如果以"光速不变"假设为大前提，那么太郎和次郎测定出的数据必然一致。

这怎么可能呢？既然相对空间与相对时间已经成为可能，那么太郎用"九十万马赫＝太郎距离÷太郎时间"，次郎用"九十万马赫＝次郎距离÷次郎时间"来计算就行了。

换言之，就算两个人都在运动，他们也可以分别使用不同的空间与时间（的数值），得出同一个结果九十万马赫。

所谓"科学革命"，就是往新假设里搬家

让我们稍微梳理一下吧。

就算你没能完全理解上面的内容，只要充分理解下面这段话就行了。

在爱因斯坦之前，称霸天下的是"绝对空间、绝对时间假设"和"以太假设"。然而，这两个假设与精密实验的结果不符。

而爱因斯坦提出了"相对空间、相对时间假设"和"光速不变假设"。

现代人之所以觉得爱因斯坦的相对论晦涩难懂，是因为"波的传导需要介质""宇宙的时间和空间都只有一种"之类的旧假设还依稀残留在人们的头脑中。

爱因斯坦的相对论素有"科学革命"之称。其实，**所谓的"科学革命"就是舍弃旧假设，往新假设里搬家。**

撇开假设的思考方法

我们也可以效仿抛弃以太假设的爱因斯坦，在生活中的方方面面思考"是不是也可以撇开这个假设看问题"。养成这样的习惯，对我们的人生极为有益。

看似理所当然、深入人心的假设，撇开它进行思考，会意外地发现也是可行的。

能够察觉到这一点的人，就是我们口中的天才。

然而，要撇开假设，就得先认识到那是假设。（这个步骤才是最难的……）

那我们这样的普通人该怎么办？唯一的办法就是脚踏实地，怀疑每一件事。

"老师、父母和朋友都是这么说的，可事情真的是这样吗？" 我们可以这么训练自己，养成"质疑"的习惯，要的就是紧咬住不松口的劲儿。

比如，我们可以花整整一个小时，思考"一加一是不是真的等于二"。

最近，让孩子在短时间内做大量基础运算成了一种备受追捧的教育方法。孩子一旦习惯了这样的计算强度，大脑的计算处理能力的确会有所提高，但我认为，这样的教育会对一个人的"质疑能力"产生负面影响。

质疑当然不仅限于数学。光是思考"世界上真的有永远正确的真理吗"，对我们的头脑也有好处。

久而久之，你就会发现那些所谓的"正确的事"，都没有绝对的依据。

说句不怕被大家误会的话，即便是杀人，也不一定是绝对的恶。

卓别林也在电影《凡尔杜先生》中巧妙地指出了这个问题："一次杀人造就的是恶棍，而一百万次杀人却有可能造就英雄。"

世间常理、政治体制、文化……种种"假设"都牢牢扎根在我们的头脑中。

在生活中提升"质疑技术"

上面说的这些可能太哲学了。但是正如我反复强调的那样，科学与哲学其实是两门非常相似的学问。无论是科学还是哲学，都是逐一拆解社会标准（假设！）的工作。

我们甚至可以利用身边的小事研究哲学。

比如去公司上班的男性朋友们每天都要系领带。为什么我们要系领带呢？

直到江户时代，日本人都是穿和服的，根本没有系领带的习惯。到了明治时期，日本才出现了第一批系领带的人。他们当时肯定在心里犯过嘀咕：

"把颜色这么奇怪的布条系在脖子上有什么用？"

还有让全世界女性朋友苦不堪言的高跟鞋。我们为什么要穿高跟鞋呢？它总能让我联想到裹小脚的恶习。

有人说领带源于古埃及法老图坦卡蒙挂在脖子上的首饰。也有人说，它源于古罗马士兵远征时，恋人系在他们脖子上的绳子。反正领带并没有什么实际作用。

至于高跟鞋嘛，有人说高跟鞋发源于中世纪的欧洲。当时欧洲还没有完善的下水道设备，所以马路上特别脏。贵妇们为了不让自己沾到脏东西，就把鞋子垫高了。可是现代城市的街道铺着沥青，干净整洁。在这样的环境下穿高跟鞋，几乎没有任何实际意义。

换言之，日常生活的方方面面都有所谓的"潜规则"。在我看来，这些"潜规则"就是我所说的"假设"。

思考这些隐藏的假设，也算是在研究哲学。

越是"潜规则"就越需要质疑，然而······

话虽如此，我们也很难立刻撇开所有标准与常识。要是让你从明天开始自行作出每一个决定，你也会觉得很头疼吧？

毕竟我们不知道对方心里在想什么。虽然他脸上带着笑，可他心里不一定在笑啊。

要是每一个人都得怀疑，每一个场面都要思考，发展到最后，我们就会怀疑眼前的世界是不是真的存在了。就算你亲眼看到自己面前有一个苹果，你也会怀疑这个苹果真的存在吗。

那岂不是《黑客帝国》中的世界？

然而，我们并没有办法否定电影描述的虚拟现实世界。毕竟，眼下还没有人证伪呢。

所以在现阶段，不否定才是最科学的态度。

我们不能劈头盖脸地认定"这种事不可能发生"，而是应该用肯定的态度对待这样的假设——"虽然它无限接近于黑色，但它终究是个假设呀。"

只要养成用科学态度看待事物的习惯，你的世界就一定会海阔天空。

在下一章中，我将带大家领略名为实际存在的假设，继续探讨科学看世界的方法。

请大家开动脑筋，思考下面的假设

百人一首花牌的假设

大家过年的时候玩过百人一首花牌吧？一个人念诗，一群人抢牌，反应最快的人就是赢家。

百人一首的发明者藤原定家，当初是不是把它当作纸牌游戏呢？

（答案见 P170）

第七章

从相对的角度看事物

我们和霍金活在不同的假设世界中

就算我们生活的世界没有《黑客帝国》描述的那么夸张，但我们也不能一口咬定这个世界绝不可能是某人的梦境，或是某个人电脑里的虚拟世界。

照着这个思路往下想，"物体是否实际存在"也就成了一个假设。

不过，这的确是一个非常庞大的假设，因为大多数人都对它深信不疑。

这种思考方式在哲学中被称为实在主义，即英文"realism"。

这个世界不是虚拟的，而是实际存在的——大多数人都在潜意识层面完全接受了这个假设，因为在这种状态下生活，我们会觉得更安心。

有了平整牢固的马路，车辆才能顺畅行驶。同理，实在主义让我们有脚踏实地的安全感。

怀疑别的都没问题，可要是连存在都开始怀疑了，那岂不是没完没了吗?

然而,著名宇宙论学家斯蒂芬·霍金举起双手,意图粉碎这个大假设!

霍金的思路非常有意思,也非常难懂。

为什么霍金的理论难懂呢?因为他跟我们生活在不同的世界中。

他并没有活在实在主义的世界里。他痛快地否定了大部分人共享的"实际存在假设"。

他活在"实证主义"的世界中。

虚拟有何不可?

所谓实证,就是算式与实验数据一致。

物理学的方程式就是算式。只要这个方程式和实验数据相符就行了,就这么简单。

比如以太这种"看不见摸不着"的东西,虽然大家都认为它"存在",但我们可以通过实验来证明"它不存在"。

然而,看得见摸得着的东西,就没有办法用实验去验证它"是否存在"了。换言之,物体的实在性不可能被证实,也不能被证伪。

然而，实证主义者霍金认为，只要假设能与实验结果吻合，那这个东西是否真的存在就完全无所谓了。

牛顿也没有深入探讨以太是否存在的争论，而是大胆放言"我绝不提出假设"。霍金的态度也许和牛顿有些共通之处。

就算这个世界是虚拟世界，霍金也不在乎。

虚拟世界中存在某种法则。也许这些法则就是某个智慧设计者在某处编写的程序。说不定我们所在的宇宙，只是某个坐在电脑前的程序员设计的模拟系统程序。

反正这个世界中存在某种法则，于是霍金先思考了一套理论。他进行了理论计算，得出了预测结果。结果是某个数字。只要这个数字和实际的实验得出的数字相符，那就行了。

他对实验对象是否存在全无兴趣，因为这不过是无法证明的假设。

从某种角度来看，他甚至没有和我们站在同一片土地上，他的世界并不建立在"这个世界是真实存在的"的基本概念上。

不问"到底"的世界观

然而，我们总会情不自禁地去强化"实际存在假设"，然后又提出疑问："真相到底是怎么回事？"所以实在性和相对论也有莫大的关联。

在相对论中，我们不是也会下意识地发问："正确的到底是哪一种？"变慢的到底是太郎的表还是次郎的表？我们总想归纳出一个唯一绝对的假设。

可是在爱因斯坦和霍金看来，这根本就不重要。

无所谓谁的表更准，无所谓事物是否真的存在。

从这个角度来看，霍金继承了爱因斯坦的观点，把相对性、复数主义之类的思想发展到了极致。

"时间是虚数"是怎么回事？

"虚时间假设"是霍金最难懂的理论之一。

虚时间的"虚"，是"虚数"的"虚"。换言之，霍金认为时间变量是一个虚数。

我在之前的章节中介绍过爱因斯坦的观点："有多少个人，就有多少种时间。"这下可好，连"虚时间"都冒出来了。大家可别掉队哦。（笑）

为什么霍金会提出这个概念呢？因为把时间设为虚数，"就能顺利进行计算了"。

这其实是一个数学问题。只要使用虚时间，就能针对宇宙刚诞生的那一刻进行计算了，还能根据计算结果作出各种各样的预测，所以霍金才会使用虚时间。

哦，原来宇宙刚诞生的那一刻和现在不一样，那时候的时间不是实数，而是虚数。

先假设我们勉勉强强接受了这套理论。

可是在这个时候，霍金竟一脸平静地说："不，宇宙的初始时间不一定是虚数。"

什么？那……时间到底是实数还是虚数啊？

我们肯定忍不住想问出这样的问题。可霍金会不以为然地回答："无所谓。"

为什么呢？因为时间是否存在是一个毫无意义的问题。

正因为我们都认定时间是存在的，所以才会纠结"时间到底有怎样的性质"。但在霍金看来，这个问题没有任何意义。

只要能计算就行，管它是实数还是虚数呢。

霍金进行了计算，对于宇宙的初期状态作出了预测。宇宙在此基础上不断发展，就成了我们现在所在的宇宙空间——这就是他发表的论文的中心思想。

在进行计算时，他若无其事地将时间设定成了虚数，然后微笑着说："算出来了。"

我要再强调一遍，霍金不在乎"是否存在"。他脑袋里想的只是能实证就行，能吻合就行，能顺利计算就行。

只要理论和数据能够匹配，那就是皆大欢喜。至于匹配的对象是否实际存在，根本无所谓。

现实即梦境，梦境即现实？

霍金的思路真的和爱因斯坦的相对论非常相似。在太郎和次郎的例子中，也存在两个相对的假设。

霍金脑子里有虚时间假设和实时间假设。这两个假设并没有对错之分，也无法统一成一个假设。

这是一种非常有趣的思路，却也非常难懂。

我们总觉得空间和时间是实际存在的，对吧？

你肯定会想，要是时间不存在，"那我们工作的时候何必要拼死拼活啊！"

可霍金并没有把空间和时间当实际存在的东西看待……

在坚信实在主义的人（大多数都是如此）看来，霍金的思路就像是拆掉了他们脚下的梯子一样，他们很难理解霍金的理论。

解决这个问题的方法很简单，用看待相对论的态度看待霍金的观点就行。看开些，告诉自己这两个假设终究不过是假设而已。

如此一来，我们所在的真实世界就会土崩瓦解。因为我们想开了——世界真的存在，也不过是一个假设罢了。

也许在霍金眼里，现实与梦境并没有区别。也许他把现实和梦境放在了同一个高度上。

从某种角度来看，这算得上是一种终极的世界观。

为何霍金备受追捧？

也许会有人隐约感觉到，说不定霍金所构想的世界，才是宇宙的本质。

可大家都怕自己脚下的梯子被人抽掉。即便梯子只是我们的幻觉，也聊胜于无。所以，我们虽然紧紧抱住实在主义的立场不放，却还是忍不住思索："说不定霍金说的是真的……"

如果整个宇宙都是虚拟的可怎么办？也许我们内心深处都有这样一份担忧和焦虑。

就算霍金的理论晦涩难懂，依旧备受大家追捧。

总而言之，要理解霍金的宇宙论，我们就得先认识到，我们和霍金脚下"假设"的根基并不相同。

人们往往将霍金视作宇宙论学者，觉得他拥有和宇宙相关的最先进的理论。但是霍金的出发点和理论基础与其他人大不相同，只是很少有人从这个角度看待霍金罢了。

不得不说，霍金拥有终极的相对视角。

同词不同意

最后，我想和大家聊一聊"不可通约性"。

"通约"可能不太好理解，那就换成"翻译"吧。

不可通约性，其实就是不可翻译性。（话说"约"这个字本就是"用绳子捆绑"的意思，然后才引申出了"协定""商定"之意。）

不能翻译的究竟是什么呢？

比如物理学中的高频词"质量"。质量和"重量"是两回事。乍看之下，这两个词的确有些相似，但它们是两个完全不同的概念。

重量会在引力等力量的作用下变化。比如一个在地球上体重为六十公斤的人，一到月球，就只有十公斤了。这就是重量（重量其实就是力的大小，所以更准确的说法是"他有六十公斤重"）。

而质量是物体本就拥有的物理量，在任何情况下都不会变化。质量为六十公斤的物体无论是在地球还是在月球，其质量都是六十公斤。

其实，牛顿力学中的"质量"和爱因斯坦相对论中的"质量"，是完全不同的两个概念。

虽然用的是同一个词，但这个词的意思截然不同。

这怎么可能呢？

假设会织出一张大网

明明是同一个词，意思怎么会不一样呢？要理解这个问题，就得先理解问题背后的假设网。

理论并非由单一的假设组成。各种各样的假设复杂交错，才能形成理论的大网。

比如牛顿力学的基础，就是绝对空间和绝对时间假设（虽然牛顿本人拒不承认"假设"）以及以太假设。而爱因斯坦的理论建立在相对空间和相对时间假设以及光速不变假设上。

所以"质量"这个概念，存在于纷繁复杂的假设大网之中。

要是整张"网"——即理论框架变了，那么组成框架的元素的意义自然也会发生变化。

于是，"质量"的意义就变了。

牛顿力学是江户时代的地图

光看上面这些描述可能不太好理解，给大家举一个浅显易懂的例子。

假设我们面前摆着一张江户时代的地图。展开它，上面肯定标出了姬路城和若松城这样的城池，而现代的地图上也有姬路城和若松城。

可是江户时代的城池和现代的城池有截然不同的意义。

江户时代的城池是政治中心，是领主的住处，更是军事要塞。而现代的城池，不过是景点和地标。

换言之，牛顿力学就跟江户时代的地图一样，而相对论就相当于现代的地图。

城池是地图的组成元素，但是它在不同时代的地图上有完全不同的意义。

姬路城、若松城这样的名词并没有改变。词明明是一样的，但是背景变了，所以词的意思也变了。既然背景不同，那这些词就无法被翻译。

"质量"也是如此。

由于词语是一样的，我们往往很难意识到作为背景的地图发生改变了，误以为词语的意思也没有变。

殊不知，这个词已经脱胎换骨了，根本没法翻译。

这就是所谓的不可通约性。

全球最著名的方程式的含义

我还要稍稍补充一下。

牛顿力学中的质量是不变的，但是在相对论中，质量会被转化为能量，逐渐流失。

闻名世界的"E=mc²"说的就是这么回事。

这个方程的意思是，能量（E）可以用质量（m）乘以光速（c）的平方计算得出。

但是在牛顿力学中，表述能量的方程是"E=1/2mv²"。能量（E）是质量（m）和速度（v）平方的乘积的一半。

这个方程是什么意思呢？这意味着"物体通过运动产生能量"。没运动的物体就不会产生能量。这就是牛顿力学的假设。

而爱因斯坦认为，静止不动的物体也拥有能量。这就是"E=mc²"的含义。

大家请看，这个方程里没有速度（v），对不对？这就体现出"能量与物体是否在运动无关"。

爱因斯坦用光速（c）取代了速度（v）。他认为，"物体必定拥有质量（m）乘以光速（c）平方的能量"。

光速的平方是一个天文数字。毕竟，光的速度高达三十万公里每秒（即九十万马赫）。

其实，核能理论就建立在这个思路上。

爱因斯坦颠覆了"只有运动的物体才能释放出能量"这一常识。他发现，即便是像原子一样小的静止物体，也拥有巨大的能量。

没有这个方程，就不会有日后的原子弹。

从这个角度看，这个方程也许打开了潘多拉的魔盒。

但是与此同时，人们也在推进核能的和平利用。如今，核电站的发电量已经占到了日本总发电量的三成。

所以这个方程具有划时代的意义，它彻底改变了这个世界。这个方程的问世也是能源史上最大的成就。

虽然牛顿和爱因斯坦都在各自的法则中用了"质量（m）"这个符号，但两个质量的意义完全不一样。

"$E=mc^2$"中的"m"和"$E=1/2mv^2$"中的"m"，有完全不同的背景理论。

定律本身描述的世界地图变了，所以两边明明用了同一个词，词语的意思却无法相互转换，因为词语背后的假设网不一样啊。

"鸡同鸭讲"的科学原因

不可通约性不仅仅会出现在科学领域。

在和别人讨论政治或哲学问题的时候，我们也会遇到根本说不通的情况，这也许是因为你们说的是同一件事，但你们用的词语所代表的意思完全不同。

说着说着，你就会产生"鸡同鸭讲"的感觉——"这家伙怎么就是听不懂呢?！"

这是一个典型的不可通约性案例。

对话的双方用的是同样的字眼，但是双方对词语的定义存在偏差。

好比"宗教"就是一个日常生活中的高频词，假设我们要对宗教进行一番探讨。

我是天主教徒，但很少去教堂，不算特别热诚的信徒，不过我还是有信仰的。

所以我对宗教的定义，应该和不信教的人对宗教的定义不太一样。至少双方的定义不可能完全重合。

普通人一提起奥姆真理教这样的邪教组织，或是爱尔兰共和军（IRA）等激进派，就会感叹"宗教真是要命的东西"。可是在我看来，"杀人的宗教"根本就是自相矛盾。

谈论打破"不能杀人"的戒律的思想活动时，我不会使用"宗教"这个词，因为在我看来，这样的活动压根儿就不属于宗教的范畴。

可是和宗教没有关系的人，不会把"杀人行为"排除在"宗教"之外。

在这种状态下，两边根本就没法沟通啊。

我用的"宗教"和不信教的人用的"宗教"是同一个词，发音也是完全一样的，所以大家会认定所有人口中的"宗教"都是同一个意思。殊不知，双方的宗教属于完全不同的假设网络，词语本身的意思也完全不一样。

我们也可以说，双方的"宗教"有着不同的语境。

所以不可通约性是一种日常现象。

因为词语的用法、引申义以及这个词和其他词之间的关系，即假设网络是因人而异的。

这人怎么就说不通呢！

所以从科学哲学的角度来看，"说不通"是一种极其自然的现象。

"这人怎么就说不通呢！"——当你在现实生活中遇到这种情况时，不妨回忆一下不可通约性这个概念。

你们之所以无法沟通，也许是因为你们的大前提，即多个假设存在偏差。

你们虽然使用了同样的词语，但词语背后的假设却导致词意有所不同。

也就是说，无法沟通就意味着对方没有理解你的假设，或是你没有理解对方的假设。

我们可以在争论演变成吵架之前细细揣摩一下，这个人究竟生活在怎样的假设世界中。

虽然揣摩了也不一定能明白，但我们也许能察觉到："哦，这个人的世界是构筑在这样的假设上啊。"

如此一来，你们就有可能在同一个层面沟通了。

假设看似微不足道，其实举足轻重。

只要时刻考虑到假设的存在，你看待世界的角度，还有你周围的人际关系，都可能产生巨大的变化。

因为无法沟通，就缩在自己的蜗牛壳里？

我们花了不少篇幅探讨了"不可翻译"的问题。但此处的"不可翻译"指的是"不能完美地翻译"。因为不可能尽善尽美地翻译就轻易放弃，那也太荒唐了。

只要能察觉到对方立身处世的假设，就能理解对方心中的打算。这就是现实世界的规律。

自己和他人的世界观，还有组成世界观的各种假设——只要充分认识到这些假设的存在，我们就能克服不可通约性，打造出丰富多彩、硕果累累的人际关系与文化。

这需要我们拥有灵活的态度，不认定只有自己的假设绝对正确，敞开胸怀去理解他人的假设。我们也可以把这种态度称为价值观的相对化。

用相对的角度看世界，就能看到在之前（顽固的）假设下无法看到的东西了。

人不可貌相

我上初中的时候，隔壁班有一个爱欺负人的不良少年小 R。我跟他的关系一直很紧张。

有一次，我正在走廊扫地，小 R 迎面走来，冷不丁地踹了我的扫帚一脚，却没刹住车，正中我的小腿肚。

当我回过神来时，我们已经在走廊中间扭打起来了。

老师闻讯赶来劝架，把我们狠狠批评了一顿，这才放我们回家。

可是在这起突发事件之后，我跟小R之间产生了一种奇妙的感觉。

跟他长谈之后，我才发现他脑子里有一个让人震惊的假设：

"阿薰是个爱拍老师马屁的海归，就知道死读书，还喜欢勾搭女孩子！"

我跟他根本就不熟，可他看到我跟老师和女生的关系很好，就产生了这样的误会。

其实我对他也有毫无根据的假设：

"小R是个小流氓，心眼特别坏，就知道找别人撒气！"

但他并不会莫名其妙对别人动手，只是比其他学生更抵触"权威"而已。而且因为家庭原因，他恐怕没有办法升学，所以他心里很苦恼。

仔细想来，如果他的人格真的像我假设的那样，我肯定会被他痛扁一顿，揍到鼻青脸肿。

可是他只是轻轻踹了一下我的扫帚，大概是想跟我开玩笑。他也没想到"喜欢勾搭女生的花花公子"会气得发动反击，只是想把我制住而已。

这件事让我切身体会到没有深入了解，光靠外表断定他人人格的危险性。

主体间性

我在这本书里反复强调，我们不能认定某个假设是绝对的真理，要将其置于灰色地带。

在哲学中，这种态度就是"从客观到主观"。

所谓"客观"，就是遵从公认的较为接近白色的假设。

所谓主观，就是遵从自己认准的白色假设，不管世人的看法。

客观与主观并没有优劣之分。关键在于，我们要跳出单纯的一元论与二元论，用更宽阔的视角看待事物。

那么，宽阔的视角是什么呢？

答案就是主体间性。

主体间性用英文来表达就是"intersubjective"，国与国之间的关系即"国际"是"international"，同理，主体间性就是"主观与主观之间的关系"。

客观的唯一假设和思想统一是一回事，所以我们要先撇开这种想法。

人们总觉得客观地看待事物更好（在学术界，这种倾向尤为明显）。但是看到这里的各位读者一定能意识到，**世界上根本就没有百分百的客观。**

这又牵涉哲学的问题了。从某种角度看，所谓客观就是主观的集合体（大家不妨开动脑筋想一想，我为什么这么说）。

那每个人都生活在各不相同的主观假设世界里就行了吗？那样会招致无政府主义的混乱，也不是什么好事。

关键在于，如何对各不相同的主观假设进行"翻译"，使整体协调一致。

爱因斯坦的相对论也有大量的时间假设与空间假设。而这些假设之间，有明确的翻译规则（这些规则解释起来太麻烦，我就不赘述了）。

同理，从相对角度看世界时，我们也需要克服不可通约性的翻译工作。

我的假设，你的假设

看到这么多科学术语与哲学术语，大家可能会犯晕，但主体间性没有那么复杂。

其实我们可以把主体间性总结成一句话——"站在对方的角度思考问题"。

我采用的是这个假设，他采用的是那个假设。可是这两个假设并不是完全矛盾的。

理解他人的假设，同时让他人理解你的假设。如此一来，我们就能在相对的世界观的指引下构筑起和谐的生活。

我的脑子里都是假设，你的脑子里也都是假设。

科学的第一步，从理解这两点开始。

不盲目相信"权威"，从相对角度比较各种各样的意见，并作出判断。这种"灵活"的态度才是科学的态度。

请大家开动脑筋，思考下面的假设

杀人案发生在这个坐标上

下面这个例子就是最简单的相对论事例。

太郎说："案发地点的坐标是（x=1，y=1）。"

次郎说："不！案发地点的坐标是（x=$\sqrt{2}$，y=0）。"

请大家想一想，这真的可能吗？

小提示

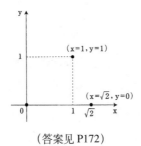

（答案见 P172）

尾声　一切始于假设，也终于假设

我在这本书里反复强调，我们的世界"始于假设"。不过，既然世界就是假设的变迁，那么世界也必然会终于假设。

假设之所以是"假"设，就是因为它永远都无法确定。

即便某个假设现在无限接近于白色，也有可能神不知鬼不觉地冲进灰色地带。

那些厌恶假设的不稳定性，坐立不安的人，会下意识地用白色假设把自己武装起来，一头栽进一成不变的每一天，坚决不看灰色地带一眼。

孩子问你"为什么"，你也会怒吼一声："别问这种无聊的问题，记住正确答案就行了！"

曾几何时，我也是如此。回过神来才发现，我已经丧失了批判精神，在靠惯性过日子。

世界不过是假设的集合体。将这样的世界视作绝对真理，无异于自欺欺人。甚至可以说，这意味着精神的"死亡"。

我想用一道题为本书收尾。

"一切始于假设，也终于假设"是我的科学主张。这个主张可以被证伪吗？

不好意思，这道题的确有点刁钻。

但是，只要各位读者能读懂我脑中的假设，就能轻而易举地得出答案了。

感谢荒野健彦先生在初稿阶段提出的宝贵意见。感谢流体动力学专家藤沼隆二先生的专业意见。感谢德永太先生提供的医学和生理学意见。

感谢为我加油鼓劲（瞎捣乱？）的猫咪们，还有在深夜为我泡咖啡的妻子。

更要感谢建议我撰写本书的光文社柿内芳文先生。柿内先生在章节的组成与其他方面也为我提供了诸多帮助。

最后，衷心感谢大力支持我开展文化活动的各位读者。

竹内薰

2006 年初春

于能看到地标大厦的横滨工作室

"健脑假设"的答案

①麻醉很管用

似乎有些岔开话题，先不要管拔牙时做的局部麻醉，看看做大手术时的全身麻醉吧。

局部麻醉的机制已经被分析得很透彻了（当然，最根本的原理还是个谜），但让人震惊的是，人们对全身麻醉的机制几乎一无所知！

医科学生用的麻醉学教科书上只写了全身麻醉剂的有效程度，还有全身麻醉剂的使用方法，却几乎没提到麻醉剂为何会起作用。而且生理学教科书也不会提到全身麻醉剂。

我们甚至可以说，全身麻醉处于连假设都不存在的状态。

既然人的意识还是个未解之谜，那么意识消失的机制自然也不可能大白于天下。

有些人接受手术的时候会说，"只做局部麻醉我有点怕，还是给我做全身麻醉吧！"

哎哟，这话可说不得……

②日本的海岸线长达 2400 公里

假设日本是一个正方形，那么日本的国土就是一个边长为600 公里的正方形，其周长为 2400 公里。（如果是长方形呢？）

然而，海岸线的长度会随着"测量时使用的标尺"而变化。假设海岸线最小的曲折是十厘米。要是测量仪器的最小刻度是一米，那这十厘米就会被忽略不计。

实际的测量结果也显示，测量仪器的刻度越小，测出的海岸线就越长（因为小小的曲折也能被测量出来）。

换言之，"日本的海岸线长达 2400 公里"不过是一个假设。

在自然界中，有许许多多"随标尺而变"的长度。"分形"这个科学领域研究的就是这方面的问题。

③意识是连续不断的

德国慕尼黑大学的恩斯特·波佩尔博士提出了这样一个假设："人的意识就和电脑、电视的画面一样，会被定期刷新。"

那么人类意识的刷新间隔是多久呢？

我给大家的小提示就是著名的纳克方块①。它经常出现在心理学研究中。

请你看着这个图形，测一测意识刷新的间隔。

怎么样？

无论你怎么集中注意力，图形的方向还是会每隔三到五秒切换一次，对不对？也许这就证明了我们的意识只能持续三秒左右。

当然，我们看电脑和电视屏幕的时候，并不会觉得画面是断断续续的。同理，我们也无法察觉到自己的意识是断断续续的……

④负离子有益健康

其实"负离子有益健康"这个假设还没有成为专家眼中的白色假设。无论是科学家还是医生，认可这个假设的人都寥寥无几（科学和医学专业期刊上也没发表过有可靠数据的论文，能够支持这个假设）。

在国外，也很少听到"负离子有益健康"的言论。

更让人惊讶的是，"负离子"的实际状态还没有弄清楚呢（有

---

① 1832 年由瑞士结晶学家路易斯·艾伯特·纳克提出的一个由等长平行线连接而成的立方体图形。由于没有提示线条的前后关系，当人们凝望它时，发现它可以转换方向。

人说负离子就是带负电的水，反正负离子还没有一个准确的定义）。

科学界的人一碰头，就会拿"负离子"当笑料。专家们甚至觉得，这种毫无根据的假设能传播得如此之广，才叫人毛骨悚然。

⑤世界是数秒前诞生的

这是哲学家常举的例子。

实不相瞒，我们没有任何证据否定这个假设！

⑥百人一首花牌的假设

"百人一首"在江户时代演变成了我们所熟悉的花牌游戏，并在日本普及开来。在那之前，人们会把印有和歌的彩纸贴在拉门上欣赏。

和歌本是咒歌，与吉凶密切相关。

其实"百人一首"还有另一个版本——"百人秀歌"。这个版本只在冷泉家与天皇家秘密相传。

百人一首与百人秀歌这两部歌集，暗藏着神奇的数字机关。

大家都知道平安初期有著名的"六歌仙"，但是，只有小野小町、喜撰法师、在原业平、僧正遍昭和文屋康秀入选了歌集（也不知道大伴黑主为什么会落选）。

再看这五位作者的作品在百人一首与百人秀歌中的编号（即作品排在第几首）。这两套编号也相当耐人寻味。

	小野小町	喜撰法师	在原业平	僧正遍昭	文屋康秀
百人一首	9	8	17	12	22
百人秀歌	13	14	10	15	27

把小野小町的两个编号相加，就是22，即文屋康秀在百人一首中的编号。将喜撰法师的两个编号相加，也是22！

把在原业平和僧正遍昭的编号分别相加，都会得出27。而27分明是文屋康秀在百人秀歌中的编号！

明明有六歌仙，却只有五人入选。而中古三十六歌仙中，入选的只有二十五人（$6×6=36$，$5×5=25$）。

由此可见，编撰者藤原定家分明在玩数字游戏。这些数字一定别有深意，而且和吉凶与咒术有关（人们尚未完全解开各项数字的吻合之谜）。

总而言之，现代人玩的比谁先找到纸牌的游戏，和百人一首的本来用途没有丝毫关系。那不过是后人的"假设"罢了。

⑦杀人案发生在这个坐标上

坐标是笛卡尔构思的一个便利工具，但是坐标值本身没有任何实际意义。

因为每个人都能随意设定坐标轴。

即便杀人案的案发地点只有一个，我们也能把坐标轴稍稍转一下。如此一来，坐标就变了。

但是，坐标系中也存在有意义的数值。在这个例子中，就是案发地点与原点的距离。

无论是太郎主张的点，还是次郎主张的点，它们与原点的距离都是 $\sqrt{2}$ 。

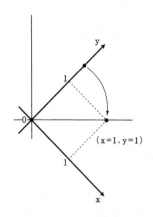

所以，只要以原点为中心，稍稍转动坐标轴，两个点就能重合了，矛盾也就不复存在了！

换言之，太郎与次郎说得都对，只是他们用的坐标轴不一样罢了。

为希望深入了解的读者提供的参考文献

如果你看完本书之后，还想"深入了解这个话题"，请参考下列书单（其中也包括一些网址）进行阅读（有些书已经绝版了，但我还是想把书名告诉大家）。

∽

我在本书开头发表了一系列关于飞行原理的过激言论，其实是有意为之。说相声的人也要用一个精彩的开场白抓住听众的心嘛，道理是一样的（要是我的言论冒犯了大家，请海涵）。

当然，航空力学已经发展到了很高的水平。科学家能把电脑模拟实验和风洞实验结合起来，对飞机的飞行模式作出极为精确的预测。

然而，预测（计算）飞机"怎么飞"和分析飞机"如何上天"是两个原理迥异的问题，有微妙的差异。

感兴趣的读者不妨看一看争论的导火索。

《UNDERSTANDING FLIGHT》 David F. Anderson and Scott Eberhardt (Mcgraw-Hill)

这是一本英文书，还出了电子版。

还有作者之一埃伯哈特的英文网站：

http://www.aa.washington.edu/faculty/eberhardt/lift.htm

这个日文网站也很有参考价值，强烈推荐：

http://hitomix.com/taruta/paperplane/Bernoulli-2.html

学界有专家认为，机翼上存在大量小纵向涡，就是这些纵向涡托起了飞机。最终，专家作出了如下解释："解开纳维－斯托克斯方程这个基本方程式，便可得知大量的小纵向涡逐渐变大，在机翼周边形成了大涡流，或生成无数小涡流。"这就是目前的白色假设。

然而，即便是用超级计算机，也很难针对真实飞行的飞机上的大涡流生成小涡流的现象进行计算。（看上去有些繁琐，但就算我们不能计算飞机的飞行原理也没关系。宇宙也好，生命也罢，没有一个人能从它的根本原理开始计算。飞机也不例外。）

❧

微生物引发了地震的"假设"也是我在序章用过的"引子"。

它是下面这本书的著者之一平朝彦先生提出的。

《地球内部到底发生着什么？》平朝彦、徐垣、末广洁、木下肇 著（光文社）

当然，关于地震原因的白色假设是板块间的碰撞。

然而，为什么大陆板块会移动呢？人们还没有研究出其原理。从这个角度来看，微生物引发了地震这个极端的假设也有可能成立。

大陆会"漂移"，是阿尔弗雷德·魏格纳提出的假设。魏格纳生前受到了几乎所有学者的嘲笑。直到他死后的二十世纪五十年代，大陆漂移说才得到学界的认可。

因为在魏格纳所处的时代，"地面不可能移动"的假设在社会上占据着统治地位。

《海陆的起源》阿尔弗雷德·魏格纳 著

这本书至今还是大陆漂移说的"经典"之作。

∾

关于科学史和科学哲学的思路，我推荐大家阅读这本书：

《科学的动力学》村上阳一郎 著（科学社）

这本书涵盖了我介绍过的演绎法、归纳法和波普尔的可证伪性，把各种思路都解释得浅显易懂。

﹌

至于我十分尊敬的费耶阿本德，大家可以看一看这本书：

《虚度光阴：保罗·费耶阿本德自传》 保罗·费耶阿本德 著

这是一九九四年去世的费耶阿本德的自传。书中提到了他对歌剧演员的憧憬，还提到他在纳粹德国的军队担任军官时腰部中枪，留下了后遗症。还有他的恋爱经历与哲学……

看完之后，请大家再看一看这本书。

《反对方法》保罗·费耶阿本德 著

书中详细介绍了伽利略望远镜的例子。

﹌

构思法的范围更广了。

《西方哲学史》伯特兰·罗素 著

这本书的内容虽然超出了"思维方式"的范畴，但它用浅显易懂的语言介绍了致力于"思考"的人们的历史。这套书一共有三册，最适合想找点哲学书看看的读者。

关于爱因斯坦相对论的书非常多。

《E=mc^2 全世界最著名的方程式的"传记"》大卫·博达尼斯 著

这本书读起来特别有意思，文科生也能看得很愉快。

出自爱因斯坦本人的书，我比较推荐这一本：

《爱因斯坦讲演录》石原纯 著 冈本一平 图（东京图书）

∽

波佩尔博士的"意识只能持续三秒的假设"在下面这本书里有详细的介绍。

《意识的限度：关于时间与意识的新见解》恩斯特·波佩尔 著

我认为，这种类型的假设是黑是白，一定会随着脑科学的发展水落石出（当然，定性之后也有可能反转）。

∽

最后是几部拙作。这几本的内容也和本书密切相关。

《改变世界的现代物理学》（筑摩新书）

《霍金的虚时间宇宙》（讲谈社蓝背系列）

《围绕物质的冒险》（NHK 出版）

《关于爱因斯坦》（秀和 System）

《百人一首 千年冥宫》（新潮社）

真正的尾声　恶作剧的答案

二十多年前，我在准备升学考试的时候邂逅了一本奇妙的参考书——《渡边次男的速通数学》。

我为什么说它奇妙呢？因为它明明是一本参考书，却没有把所有题目的答案写出来。

起初我很纳闷：为什么不把答案写出来？可后来仔细一想……也是，考场上又没人给你正确答案。等你踏上社会，大多数问题的答案都不会有人告诉你。

我切身感到，这本富有个性的参考书颠覆了我的固有观念。所以，大家别指望我会透露在尾声提出的那个问题的答案。

请各位开动脑筋，自己思考（不过我可以给个小提示：为什么这本书的标题是'99.9%'呢？^①）。

---

①本书日文版的书名为《99.9％ は仮説》（99.9％ 都是假设）。编注。

说到底，"问题必然有答案"的说法也不过是个假设。

说不定啊，从一开始就没有答案。

本书最开头的问题也是如此。

比如，大多数人都可能回答"这是倒过来的世界地图"。看完这本书的读者一定会觉得，这个答案不对。

因为"倒过来"这个概念建立在"正"的标准上。

对南半球居民而言，我们所熟悉的世界地图才是"倒过来"的呢。

我们甚至可以再进一步——也许我给出的"在澳大利亚随处可见的世界地图"这个答案也不正确。

说不定那并不是世界地图，而是"一堆线条"。

说得极端点吧，答案这个东西也没什么用处。

我常在演讲的时候掏出一张万元纸钞，"吓唬"听众说："这就是一张有墨渍的纸！"

"钱有价值"也不过是个约定俗成的假设罢了。

本书通过各类科学领域的事例，介绍了支配着我们头脑的各种假设，并向各位传授了不依照成见进行判断的诀窍。

常识、成见、固有观念——

我并不是让大家把这些东西统统丢掉。

我只是希望大家能暂时"放下"这些负担，让自己身心轻盈。调节好自己的状态后，再投入现实世界，强劲有力地重启你的生活。

光是意识到假设的存在，你看待世界的眼光就会大不相同。假设思维一定能让你的人生更精彩。

希望本书能成为一个契机，帮助大家拾回灵活的头脑。对我来说，那将是一个意外的惊喜。

如果你我有缘，一定能在别的假设世界再会！

图书在版编目（CIP）数据

假设的世界：一切不能想当然／〔日〕竹内薰著；曹逸冰译．－海口：
南海出版公司，2017.4
ISBN 978-7-5442-8756-2

Ⅰ．①假… Ⅱ．①竹…②曹… Ⅲ．①科学哲学－普
及读物 Ⅳ．① N02-49

中国版本图书馆CIP数据核字（2017）第018306号

著作权合同登记号 图字：30-2016-152

假设的世界：一切不能想当然

〔日〕竹内薰 著

曹逸冰 译

出　　版	南海出版公司　（0898）66568511
	海口市海秀中路51号星华大厦五楼　　邮编 570206
发　　行	新经典发行有限公司
	电话（010）68423599　　邮箱 editor@readinglife.com
经　　销	新华书店

责任编辑　刘恩凡　翟明明
特邀编辑　贺　静
装帧设计　李照祥
内文制作　王春雪

印　　刷　北京富达印务有限公司
开　　本　850毫米×1168毫米　1/32
印　　张　6
字　　数　100千
版　　次　2017年4月第1版
印　　次　2017年4月第1次印刷
书　　号　ISBN 978-7-5442-8756-2
定　　价　45.00元